高职高专土建类工学结合"十三五"规划教材

建筑工程测量

（第二版）

Architectural Engineering Survey

主　审　李海峰

主　编　杜文举　陈俊宏

副主编　张　恒　郭生南　曾彩艳

参　编　谢　兵　欧阳杜鹃

华中科技大学出版社

中国·武汉

内 容 提 要

建筑工程测量是建筑工程项目在设计、施工阶段和竣工使用期间的测量工作。本书重点介绍施工阶段所需的测量知识和实践技能,依据《工程测量规范》(GB 50026—2007)、《城市测量规范》(CJJ/T 8—2011)和《建筑变形测量规范》(JGJ 8—2016),结合工地施工测量所需要的知识体系编写。

本书在编写中遵循由易至难,循序渐进,每个项目独立成章,全书共分十个项目单元,主要内容为:建筑工程测量基础知识、水准路线测量、角度测量、距离测量、小区域控制测量、建筑工程施工测量、地形图的识读和应用、多层民用建筑施工测量、工业建筑施工测量、高层建筑施工测量等。首先按照项目模块介绍测量的基础知识点,即坐标正算和反算的数据运算,水准测量、角度测量和距离测量的测量方法和计算以及工地常用测绘仪器的掌握和使用;然后介绍导线测量和施工测设的外业工作和内业计算;对于地形图而言,由于是建筑工程施工,现场基本上不要求进行地形图测绘,所以只介绍了地形图的识读和应用,而没有介绍地形图的测绘方法;最后详细介绍了多层和高层建筑以及工业厂房的测设依据和详细测量方法。

本书文字通俗易懂,言简意赅,注重实用,内容一目了然,没有复杂测量理论的阐述,有利于教师教学和学生自学。

图书在版编目(CIP)数据

建筑工程测量/杜文举,陈俊宏主编.—2 版.—武汉:华中科技大学出版社,2020.8(2022.8 重印)
高职高专土建类工学结合“十三五”规划教材
ISBN 978-7-5680-6402-6

Ⅰ.①建…　Ⅱ.①杜…　②陈…　Ⅲ.①建筑测量-高等职业教育-教材　Ⅳ.①TU198

中国版本图书馆 CIP 数据核字(2020)第 139183 号

建筑工程测量(第二版)　　　　　　　　　　　　　　　　杜文举　陈俊宏　主编
Jianzhu Gongcheng Celiang (Di-er Ban)

策划编辑:金　紫
责任编辑:陈　骏
封面设计:原色设计
责任校对:周怡露
责任监印:朱　玢
出版发行:华中科技大学出版社(中国·武汉)　　　电话:(027)81321913
　　　　　武汉市东湖新技术开发区华工科技园　　　邮编:430223
录　　排:华中科技大学惠友文印中心
印　　刷:武汉市籍缘印刷厂
开　　本:787mm×1092mm　1/16
印　　张:11.75
字　　数:296 千字
版　　次:2022 年 8 月第 2 版第 2 次印刷
定　　价:39.80 元

前　　言

　　建筑工程测量属于工程测量学的范畴,在建筑工程建设中离不开建筑工程测量,它服务于建筑工程建设的每一个阶段,贯穿于工程建设的开始至结束,施工测量的精度和速度直接影响到整个工程建设的质量和进度。对于工程建设而言,施工测量的重要性不言而喻。本书打破了传统教材的章节内容,进行了项目的整体设计和有针对性的序化,构建了新的教学项目单元,分为建筑工程测量基础知识,水准路线测量,角度测量,距离测量,小区域控制测量,建筑工程施工测量,地形图的识读和应用,多层民用建筑施工测量,工业建筑施工测量,高层建筑施工测量十个教学项目模块。每个项目模块内容由易到难,由简单测量到复杂测量,由基本技能到高级技能,由基础知识到实践技能,由注重理论到注重实践,突出了理论和实践的有机结合。

　　建筑工程测量是工程建设中的一项极其重要的技术性工作,工程测量技能是施工一线工程技术人员必须掌握的基本技能之一。本书经全体编者精心策划,仔细调研,周密论证,根据我国高等职业教育建筑类专业的教学标准,为满足培养工程一线测量高级应用型人才的目标而编写。编者紧密结合最新标准和规范,结合多年工程实践和教学实践经验,收集了大量的资料,并参考了同类教材的相关内容。本书可作为高等院校土木工程相关专业教学使用,也适合建筑工程一线工程技术人员参考使用。

　　本书由四川建筑职业技术学院杜文举、广西水利电力职业技术学院陈俊宏担任主编,由四川建筑职业技术学院张恒、九江职业技术学院郭生南和九江职业大学曾彩艳担任副主编,四川建筑职业技术学院谢兵、欧阳杜鹃参与编写,四川建筑职业技术学院李海峰任主审,全书由杜文举统稿。

　　由于编者水平有限,书中难免存在缺点和不妥之处,敬请广大读者批评指正。

编者

2020 年 6 月

目　　录

项目一　建筑工程测量基础知识

⟫➔ ▌学习目标 ......

1. 了解测量学的分类，了解如何去确定地面点位置，了解建筑坐标和测量坐标之间的转换；
2. 熟悉绝对高程和相对高程及建筑标高；
3. 要掌握坐标正、反算计算。

1.1　概述

测量学是一门研究地球的形状和大小以及确定地面点之间相对位置的科学。它的主要工作有两个方面：一是将地貌等用图形和数据表示出来，为规划设计和管理等提供依据，称为测绘或测定；二是将规划或设计图纸上的建筑物等在地面现场标定出来，称为测设。国家经济建设中的资源调查、环境保护、城市、交通、水利、能源建设工程，国防建设中的精确打击和国界勘测都离不开测绘工作。总的来说，测量学有以下分类。

（1）大地测量学（geodesy）——是研究和确定地球形状、大小、重力场、整体与局部运动、地面点的几何位置的学科。随着空间技术的发展，大地测量正在向空间大地测量和卫星大地测量方向发展，其基本任务是建立国家大地控制网，测定地球的形状、大小和重力场，为地形测图和各种工程测量提供基础起算数据；为空间科学，军事科学及研究地壳变形，地震预报等提供重要资料。按照测量手段的不同，大地测量学可分为常规大地测量学、卫星大地测量学及物理大地测量学等。

（2）摄影测量与遥感学（photogrammetry and remote sensing）——是利用非接触成像和其他传感器对地球表面及环境、其他目标或过程获取可靠的信息，并进行记录、量测、分析和表达的科学与技术。摄影测量与遥感学可分为地面摄影测量学、航空摄影测量学和航天遥感测量等。

（3）地图制图学（cartography）——是研究模拟和数字地图的基础理论、设计、编绘、复制的方法以及应用的学科。它的基本任务是利用各种测量成果编制各类地图，其内容一般包括地图投影、地图编制、地图整饰和地图制印等。

（4）工程测量学（engineering surveying）——是研究在工程建设的设计、施工和管理各阶段中进行测量工作的理论、方法和技术。工程测量是测绘科学与技术在国民经济和国防建设中的直接应用，是综合性的应用测绘科学与技术。

本书主要讲解建筑工程测量。建筑工程测量属于工程测量学范畴，是城市建筑物勘测设计、施工、设备安装和竣工验收期间所进行的测量工作，其主要任务如下。

1. 测绘大比例尺地形图

将工程建设区上的地物（河流、道路、交通、房屋等）和地貌（地形的高低起伏形态，如盆地、平原、高山、峡谷等)的空间位置和形状,按照一定的比例尺用地图符号绘成地形图,为工程建筑的各个阶段提供基础资料。

2. 施工放样和竣工测量

根据设计图纸,在实地标定出建(构)筑物的平面位置和高程作为施工的依据;在施工过程中进行平面位置和高程测设工作,保证施工符合设计要求;在工程验收阶段进行竣工测量,获得工程建成后的建筑物以及地下管网的平面位置和高程等资料,为以后扩建提供资料。

3. 变形观测

对于一些重要的建筑物,在施工和运营期间,定期进行变形观测,以了解其变形规律,确保工程的安全施工和运营。

由此可知,建筑工程测量能规范工程设计、实施、竣工阶段测量成果,保证工程的质量。因此,通过本课程的学习,必须掌握测量学的基本理论、基本知识和基本技能,掌握常用水准仪、经纬仪和其他测量仪器工具的使用方法;对测量新技术、新仪器有一定的了解;在建筑施工中正确应用地形图和有关测量资料,具备一般工程建筑物的施工放线能力。

1.2 地面点位置的确定

地面点的空间位置须由三个参数来确定,即该点在大地水准面上的投影位置(两个参数 x、y)和该点的高程(H)。

1.2.1 平面位置的确定

地球的自然表面高低起伏,有高山、丘陵、平原、江河、湖泊和海洋等,是一个凹凸不平的复杂曲面。地球上自由静止的水面称为水准面,它是一个处处与铅垂线正交的曲面。水准面有无数个,每一个与平均海水面重合通过大陆延伸勾画出的一个连续的封闭曲面,称为大地水准面,由大地水准面所包围的形体称为大地体。由于地球内部质量分布不均匀,引起地面各点的铅垂线方向不规则变化,所以大地水准面是一个有微小起伏的不规则曲面,在这个不规则的曲面上无法进行测量计算,必须要寻找一个与大地水准面较吻合,而且能用数学公式表达的规则曲面来代替大地水准面。作为测量计算的基准面,这个基准面是一个以椭圆绕其短轴旋转的椭球面,称为参考椭球面。它包围的形体称为参考椭球体或称参考椭球。

我国于 20 世纪 50 年代和 80 年代分别建立了 1954 年北京坐标系和 1980 西安坐标系。随着社会的进步,国民经济建设、国防建设和社会发展、科学研究等对国家大地坐标系提出了新的要求,迫切需要采用原点位于地球质量中心的坐标系统(以下简称地心坐标系)作为国家大地坐标系。采用地心坐标系,有利于采用现代空间技术对坐标系进行维护和快速更新,测定高精度大地控制点三维坐标,并提高测图工作效率,其原点为包括海洋和大气的整个地球的质量中心,Z 轴指向 BIH1984.0 定义的协议极地方向(BIH 国际时间局),X 轴指向 BIH1984.0 定义的零子午面与协议赤道的交点,Y 轴按右手坐标系确定,2000 国家大地坐标系采用的地球椭球参数如下:

长半轴 $a=6378137$ m;

扁率 $f=1/298.257222101$。

由于参考椭球的扁率很小,所以当测区面积不大时,可把这个参考椭球近似看作为圆球。测量工作就是以参考椭球面作为测量计算的基准面,并在这个面上建立大地坐标系,从而确定地面点的位置。

地面点的平面位置在工程测量上通常采用高斯平面直角坐标系和平面直角坐标系两种。

1. 高斯平面直角坐标

地球表面是一个曲面,在进行大区域测图时,将球面上的图形投影到平面上,必然会产生变形,这种变形称为地图投影变形(包括角度、长度和面积变形等)。地图投影的方法有等角投影(又称为正形投影)、等积投影和任意投影等,测量上采用高斯正形投影。通过高斯分带投影方法在全国建立统一的高斯平面直角坐标系统,解决了大面积测图时地面点向椭球面投影再向平面展绘带来的一系列问题,又能满足地形图测绘的精度要求。

2. 平面直角坐标

平面直角坐标系又称为独立坐标系。当测图范围较小时,可以把该区域的球面视为水平面,将地面点直接沿铅垂线方向投影到水平面上。如图 1-1 所示,以相互垂直的纵横轴建立平面直角坐标系,纵轴为 X 轴,向上(北)为正,向下(南)为负;横轴为 Y 轴,向右(东)为正,向左(西)为负;X 轴和 Y 轴的交点 O 为坐标原点。坐标象限自纵轴北方向顺时针顺序编号,其目的是便于将数学中的公式直接应用到测量计算中,而不需作任何变更。当采用独立坐标系作为测

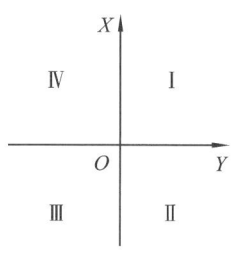

图 1-1　平面直角坐标

绘某区域地形图的坐标系统时,为避免坐标出现负值,通常取该区域外缘的西南点作为坐标原点,并设法使 X 轴的正方向近似于实际的北方向。

1.2.2　高程

1. 绝对高程

地面上任意一点沿铅垂方向到大地水准面的距离,称为该点的绝对高程,简称高程,如图 1-2 中的 A、B 两点的高程为 H_A、H_B。

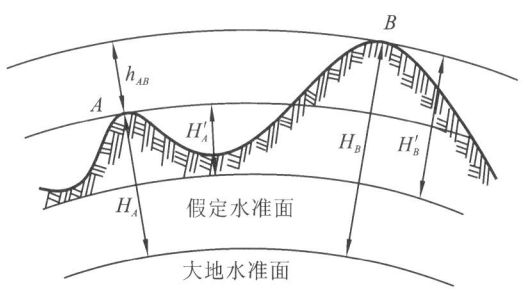

图 1-2　绝对高程相对高程示意图

我国在青岛设立了水准原点,作为全国高程的起算面,在青岛验潮站附近的观象山埋设固定标志,用精密水准测量方法与验潮站所求出的平均海水面进行联测,测出其高程为72.289 m,它的高程作为全国高程的起算点,称为水准原点。根据这个面起算的高程称为1956 年黄海高程系统。由于 1956 黄海高程系统青岛验潮站的资料观测时间较短,国家决定重新计算黄海平均海面,以青岛验潮站 1952—1979 年潮汐观测资料计算的平均海水面为国家高程起算面,称为 1985 国家高程基准。根据新的高程基准推算的青岛水准原点高程为72.260 m,1985 国家高程基准高程＝1956 年黄海高程－0.029 m。

2. 相对高程

局部地区无法知道绝对高程时,假定某一水准面作为高程的起算面,地面点到假定水准面的铅垂距离称为该点的相对高程,如图 1-2 中的 H_A' 和 H_B'。

3. 建筑标高

标高表示建筑物各部分的高度。标高分为绝对标高和相对标高,以建筑物室内首层主要地面高度为 ± 0.000,作为标高的起点所计算的标高称为相对标高。在相对标高中,凡是包括装饰层厚度的标高称为建筑标高,注写在构件的装饰层面上。

4. 高差

两地面点之间的高程之差称为高差,常用 h 表示。图 1-2 中 B 点相对于 A 点的高差为

$$h_{AB} = H_B - H_A$$

高差有正有负,当 B 点高程大于 A 点高程时,h_{AB} 为正,反之为负。

[例 1-1] 已知 A 点高程 $H_A = 695.238$ m,B 点高程 $H_B = 699.670$ m,则 B 点相对于 A 点的高差 $h_{AB} = 699.670 - 695.238 = 4.432$ (m);B 点高于 A 点;而 A 点相对于 B 点的高差应为 $h_{BA} = 695.238 - 699.670 = -4.432$ (m);同样 B 点高于 A 点。

由此可见

$$h_{AB} = -h_{BA}$$

根据地面点的三个参数 x、y、H,地面点的空间位置就可以确定了。而 x、y 一般是通过水平角测量和水平距离测量来确定的,点的高程是通过测定高差来确定的。所以,测角、量距和测高差是测量的三项基本工作。

1.3 坐标正算

根据直线起点的坐标、直线长度及其坐标方位角计算直线终点的坐标,称为坐标正算。例如,如图 1-3 所示,已知直线 AB 起点 A 的坐标为 (x_A, y_A),AB 边的长度及坐标方位角分别为 D_{AB} 和 α_{AB},需计算直线终点 B 的坐标。直线两端点 A、B 的坐标值之差,称为坐标增量,用 Δx_{AB}、Δy_{AB} 表示。由图 1-3 可看出坐标增量的计算公式为

$$\Delta x_{AB} = x_B - x_A = D_{AB} \times \cos\alpha_{AB}$$
$$\Delta y_{AB} = y_B - y_A = D_{AB} \times \sin\alpha_{AB}$$

计算坐标增量时,正弦和余弦函数值随着 α 角所在象限而有正负之分,因此算得的坐标增量同样具有正、负号,上述公式适用于四个象限而不需要增加正负号,正负号规律如表 1-1 所示。

表 1-1 坐标增量正、负号的规律

象　　限	坐标方位角 α	Δx	Δy
I	$0°\sim 90°$	$+$	$+$
II	$90°\sim 180°$	$-$	$+$
III	$180°\sim 270°$	$-$	$-$
IV	$270°\sim 360°$	$+$	$-$

则 B 点坐标的计算公式为

$$x_B = x_A + \Delta x_{AB} = x_A + D_{AB} \times \cos\alpha_{AB}$$
$$y_B = y_A + \Delta y_{AB} = y_A + D_{AB} \times \sin\alpha_{AB}$$

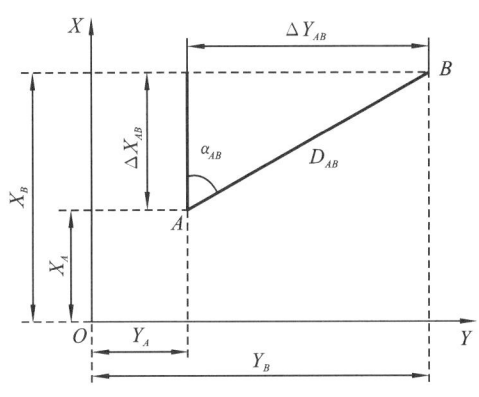

图 1-3　坐标正反算

[例 1-2]　已知直线 AB 的边长为 170.850 m,坐标方位角为 157°30′45″,其中一个端点 A 的坐标为(3872145.970,396537.372),求直线另一个端点 B 的坐标 x_B,y_B。

解　根据公式得

$$x_B = X_A + D_{AB} \times \cos\alpha_{AB} = 3872145.970 + 170.850 \times \cos157°30′45″$$
$$= 3872145.970 - 157.859 = 3871988.111 \text{ (m)}$$
$$y_B = Y_A + D_{AB} \times \sin\alpha_{AB} = 396537.372 + 170.850 \times \sin157°30′45″$$
$$= 396537.372 + 65.347 = 396602.719 \text{ (m)}$$

1.4　坐标反算

根据直线起点和终点的坐标,计算直线的边长和坐标方位角,称为坐标反算。如图 1-3 所示,若 A、B 为两已知点,其坐标分别为 (x_A, y_A) 和 (x_B, y_B),根据三角函数,可以得出直线的边长和坐标方位角计算公式为

$$D_{AB} = \sqrt{\Delta x_{AB}^2 + \Delta y_{AB}^2}$$

$$\alpha_{AB} = \arctan\frac{\Delta y_{AB}}{\Delta x_{AB}} = \arctan\left(\frac{y_B - y_A}{x_B - x_A}\right)$$

应该注意的是坐标方位角的角值范围在 0°~360°之间,而 arctan 函数的范围在 −90°~ +90°之间,两者是不一致的。应按表 1-2 转换。

表 1-2　计算的角度与坐标方位角转换规律

象限	Δx	Δy	计算的角度($\alpha_{计算}$)	坐标方位角(α_{AB})
I	+	+	$\alpha_{计算}$	$\alpha_{AB} = \alpha_{计算}$
II	−	+	$\alpha_{计算}$	$\alpha_{AB} = 180° + \alpha_{计算}$
III	−	−	$\alpha_{计算}$	$\alpha_{AB} = 180° + \alpha_{计算}$
IV	+	−	$\alpha_{计算}$	$\alpha_{AB} = 360° + \alpha_{计算}$

[例 1-3]　已知 B 点坐标为(1500.505,900.543),A 点坐标为(1400.555,920.733),求距离 D_{BA} 和坐标方位角 α_{BA}。

解　计算 B、A 两点的坐标增量

$$\Delta x_{BA} = 1400.555 - 1500.505 = -99.950 \text{ (m)}$$

$$\Delta y_{BA} = 920.733 - 900.543 = 20.190 \text{（m）}$$

由于 Δx_{BA} 为负值，Δy_{BA} 为正值，可知直线 BA 在第二象限。

$$D_{BA} = \sqrt{\Delta x_{BA}^2 + \Delta y_{BA}^2} = 101.969 \text{（m）}$$

$$\beta_{BA} = \arctan\left(\frac{\Delta y_{BA}}{\Delta x_{BA}}\right) = -11°25'12''$$

根据计算的角度和坐标方位角的关系，得出

$$\alpha_{BA} = 180° + (-11°25'12'') = 168°34'48''$$

1.5 建筑坐标与测量坐标的换算

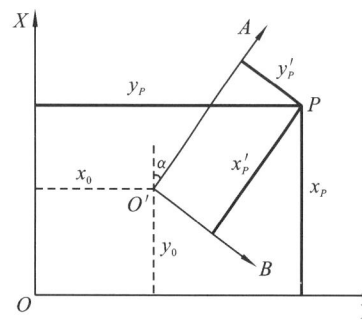

在建筑物施工放样之前，规模较大的建筑工程项目都要先建立专用的施工控制网，设计和施工部门为了工作方便，常采用独立的施工坐标系统，也称为建筑坐标系统，其纵轴通常用 A 表示，横轴用 B 表示。A 轴与 B 轴应与场地内的主要建筑物或主要管线平行，如图 1-4 所示。需要将建筑坐标系换算到测量坐标系，换算的要素包括建筑坐标系原点到测量坐标系原点在测量坐标系上横纵轴上的长度 x_0、y_0 和建筑坐标系纵轴与测量坐标系纵轴之间的夹角 α，这三个参数一般由设计单位给出。

图 1-4 建筑坐标与测量坐标换算

设 x_P、y_P 为 P 点在测量坐标系 XOY 中的坐标，x'_P、y'_P 为 P 点在建筑坐标系 $AO'B$ 中的坐标，则将建筑坐标换算成测量坐标的计算公式为：

$$x_P = x_0 + x'_P \cos\alpha - y'_P \sin\alpha$$
$$y_P = y_0 + x'_P \sin\alpha + y'_P \cos\alpha$$

反之，将测量坐标换算成建筑坐标的计算公式如下：

$$x'_P = (x_P - x_o)\cos\alpha + (y_P - y_0)\sin\alpha$$
$$y'_P = -(x_P - x_o)\sin\alpha + (y_P - y_0)\cos\alpha$$

【思考题与习题】

1. 测量学分为哪几类？

2. 建筑工程测量的主要任务有哪些？

3. 已知直线 MN 的坐标方位角为 $157°38'45''$，距离为 125.635 m 和 M 点的坐标为 $M(500.000, 500.000)$，求 N 点的坐标。

4. 已知直线 AB 两端点的坐标分别为 $A(587.425, 357.287)$、$B(465.346, 327.890)$，求直线 AB 的坐标方位角和水平距离。

5. 如何进行建筑坐标与测量坐标之间的换算？

项目二　水准路线测量

根据使用的仪器和测法的不同,高程测量可分为水准测量、三角高程测量、气压高程测量、连通管高程测量和 GPS 高程测量 5 类。水准测量是高程测量的方法之一。

水准测量是利用水准仪提供的水平视线进行观测,是高程测量中最常用、最精密的方法,也是本项目重点介绍的方法。

三角高程测量是用经纬仪或全站仪测出待测点的竖直角和距离,根据三角公式计算出两点间的高差,再量取仪器高便可推算出待测点的高程,其精度不如水准测量。

气压高程测量是用气压计来测量高程,其精度远远低于前两种方法,用于工程踏勘或粗略测量。

连通管高程测量是利用透明塑料管制成的连通器测定高程,用于建筑工程室内装修抄平。

GPS 高程测量是利用 GPS 接收机直接测定地面点的正常高。

2.1　水准测量原理

水准测量原理是利用水准仪提供的水平视线,分别读出两点水准尺上的读数,先求得两点间的高差;如果其中一个点高程已知,便可根据已知点高程和高差,推算出待测点的高程。

2.1.1　水准测量公式

1. 水准测量的前进方向

水准测量是由已知水准点 A 向待测水准点 B 进行的,如图 2-1 中的箭头所示。

2. 水准读数

水准测量的基本要求是水准仪提供的视线必须是一条水平视线。当视线水平时,在水准尺上的读数称为水准读数,水准读数分为后视读数和前视读数。

①后视读数:水准仪在已知高程点上或已知高程方向上的读数称为后视读数,如图 2-1 所示已知水准点 A 上的读数 a。

②前视读数:水准仪在待测高程点上或待测高程方向上的读数称为前视读数,如图 2-1 所示待测高程点 B 上的读数 b。

③水准读数的大小:当视线水平时,地势越低,立尺点越低,则该点上的水准读数越大;

反之,地势越高,立尺点越高,则该点的水准读数就越小。

3. 水准测量计算公式

如图 2-1 所示,已知高程点 A 的高程为 H_A,待求高程点 B 的高程为 H_B,a 为后视读数,b 为前视读数,H_i 为水准仪提供的水平视线的高程,称为视线高。计算 B 点高程有以下两种方法。

①高差法:高差=后视读数−前视读数,即

$$h_{AB} = a - b$$

B 点待测高程=A 点已知高程+AB 两点高差,即

$$H_B = H_A + h_{AB}$$

②视线高法:视线高=A 点已知高程+后视读数,即

$$H_i = H_A + a$$

B 点待测高程=视线高−前视读数,即

$$H_B = H_A + a - b$$

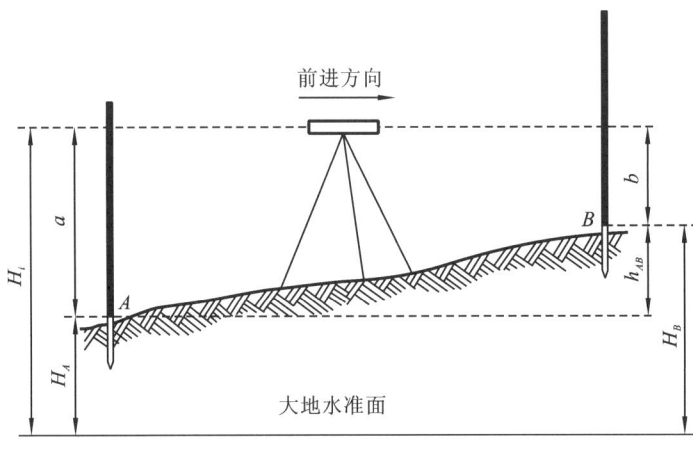

图 2-1 水准测量原理

[例 2-1] 如图 2-1 所示,已知 A 点高程 $H_A = 482.625$ m,后视读数 $a = 1.371$ m,前视读数 $b = 0.665$ m,分别用两种公式求 B 点高程。

解 (1)高差法

$$h_{AB} = 1.371 - 0.665 = 0.706 (\text{m})$$

B 点高程为

$$H_B = H_A + h_{AB} = 482.625 + 0.706 = 483.331 (\text{m})$$

(2)视线高法

$$H_i = H_A + a = 482.625 + 1.371 = 483.996 (\text{m})$$

B 点高程为

$$H_B = H_i - b = 483.996 - 0.665 = 483.331 (\text{m})$$

结论:高差法和视线高法的区别在于计算高程时的次序不同,其测量原理是相同的,得到的结果也完全一致。

2.1.2 水准测量高程的传递

当已知高程点 A 和待测高程点 B 之间的高差过大、距离过长或视线有遮挡时,安置一次仪

器不能直接测得两点间的高差,这时就要在 A、B 两点间多设一些临时立尺点,连续多次安置仪器,分段测得两点间的高差。这些立尺点,在前一站是前视,后一站则为后视,我们称其为转点,用 TP 表示,它起着传递高程的作用。由于转点是临时立尺点,其下土质松软,因此在尺子底部应安放尺垫,并踩实,以防止转点在观测过程中尺子下沉所带来的误差,如图 2-2 所示。

B 点的高程为

$$H_B = H_A + h_{AB} = H_A + (h_{A1} + h_{12} + h_{2B})$$
$$= H_A + (a_1 - b_1) + (a_2 - b_2) + (a_3 - b_3)$$

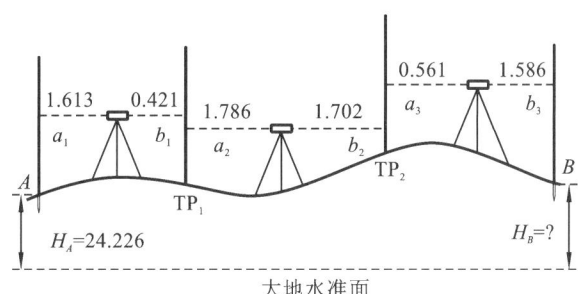

图 2-2　水准测量高程的传递

[**例 2-2**]　如图 2-2 所示,求 B 点的高程。

$$H_B = H_A + h_{AB} = H_A + (h_{A1} + h_{12} + h_{2B}) = H_A + (a_1 - b_1) + (a_2 - b_2) + (a_3 - b_3)$$
$$= 24.226 + (1.613 - 0.421) + (1.786 - 1.702) + (0.561 - 1.586)$$
$$= 24.477 (m)$$

[**例 2-3**]　如图 2-3 所示,已知点 A 点的高程 $H_A = 478.523$ m,要测出 1、2、3 点的高程,先测得 A 点的后视读数 $a = 1.546$ m,然后分别在待测点上立尺,测出前视读数 $b_1 = 0.952$ m,$b_2 = 1.728$ m,$b_3 = 1.326$ m。

解　(1)计算视线高 $H_i = H_A + a = 478.523 + 1.546 = 480.069 (m)$

(2)计算各待定点高程分别为

$$H_1 = H_i - b_1 = 480.069 - 0.952 = 479.117 (m)$$
$$H_2 = H_i - b_2 = 480.069 - 1.728 = 478.341 (m)$$
$$H_3 = H_i - b_3 = 480.069 - 1.326 = 478.743 (m)$$

通过上述两个实例得知,高差法通常用于连续几个测站传递高程时,而视线高法在安置一次仪器同时测出几个待测点时更有优势,因此视线高法在建筑施工测量中被广泛应用。

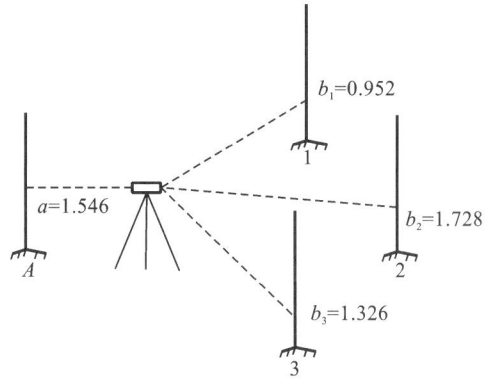

图 2-3　视线高法测量高程点

2.2 水准仪及其使用

水准测量使用的主要仪器和工具有水准仪、水准尺和尺垫。

2.2.1 水准仪的分类

（1）按精度分。

根据国家水准仪(GB/T 10156—2009)规定,我国水准仪精度分为3级,分别是高精密水准仪(DS02、DS05),精密水准仪(DS1)与普通水准仪(DS1.5、DS3)。高精密水准仪用于国家一等水准测量及地震水准测量,精密水准仪多用于国家二等水准测量及沉降观测,普通水准仪则用于国家三四等水准测量及普通施工测量。S为水准仪代号,数字代表每千米往返测量高差中误差,单位mm。例如,DS3代表每千米往返测量高差中误差为3 mm。

（2）按构造分。

水准仪按构造分为微倾式水准仪、光学自动安平水准仪、电子自动安平水准仪。微倾式水准仪发展于20世纪40年代,由于操作复杂,现已趋于淘汰。光学自动安平水准仪起源于20世纪50年代,是目前施工测量中使用最多的仪器。电子自动安平水准仪是20世纪90年代以后发展起来的仪器,在自动安平水准仪的基础上实现了自动调焦、数字显示读数,属于精密仪器。

2.2.2 DS3 微倾式水准仪的构造及使用

1. DS3 微倾式水准仪的构造

DS3 微倾式水准仪由望远镜、水准器和基座三部分组成,其外形和各部件名称见图2-4。

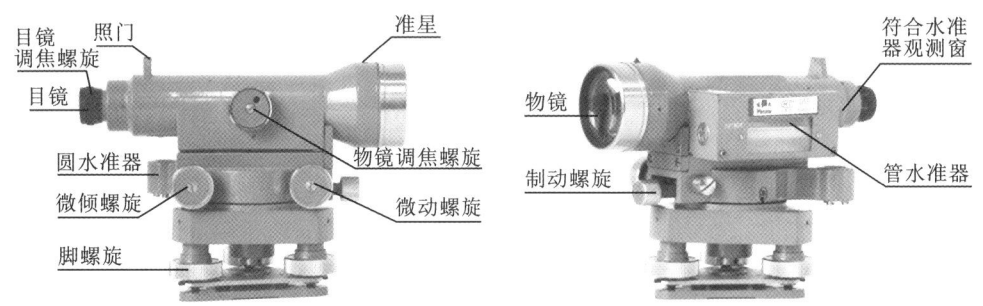

图 2-4 DS3 微倾式水准仪构造

①望远镜。望远镜主要由物镜、目镜、调焦透镜、十字丝分划板、目镜调焦螺旋、物镜调焦螺旋组成,如图2-5所示。它起提供光学视线,瞄准水准尺,并在水准尺上读数的作用。

十字丝分划板上有中丝,用来截取水准尺读数;上丝、下丝,用来测距离,称为视距丝;竖丝,用于检核水准尺是否处于铅垂位置。

②水准器。它是用来指示视准轴处于水平状态的装置,由圆水准器和管水准器组成,如图2-6(a)所示为圆水准器,图2-6(b)所示为管水准器。当水准器内的气泡居中时,则水准仪水平。圆水准器整平分划值一般在$8'\sim10'$,整平精度较低,用于粗平;管水准器分划值为$20''$,整平精度较高,用于精平。

为了提高水准仪整平的精度,微倾式水准仪大多安置符合式水准器,如图2-7所示,采

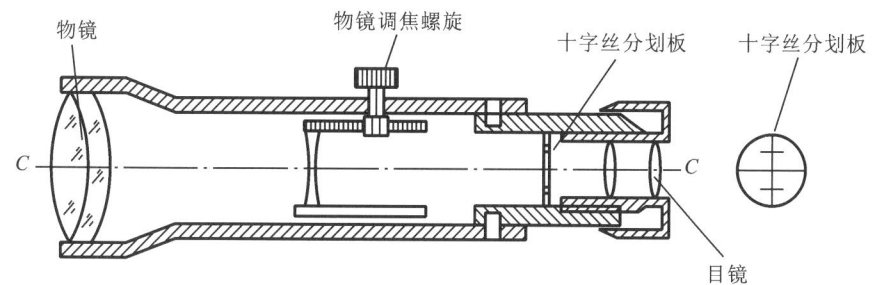

图 2-5　望远镜

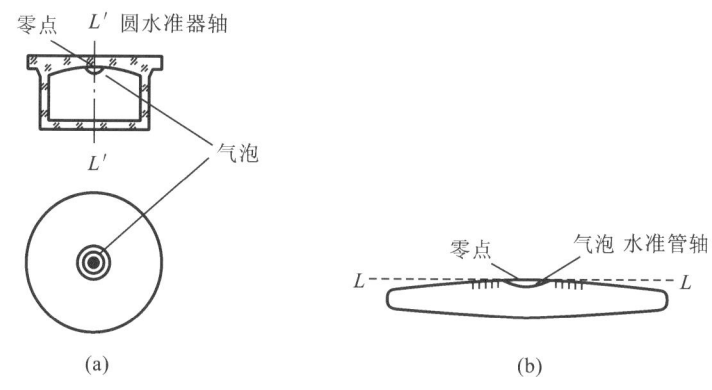

图 2-6　水准器

（a）圆水准器；（b）管水准器

用符合棱镜将气泡两端的半影像经反射投射在符合水准器观测窗内。当气泡两边影像错开时，气泡不居中，仪器不水平，如图 2-7(b)所示。调节微倾螺旋可使气泡吻合，图 2-7(c)所示代表气泡吻合，仪器水平。

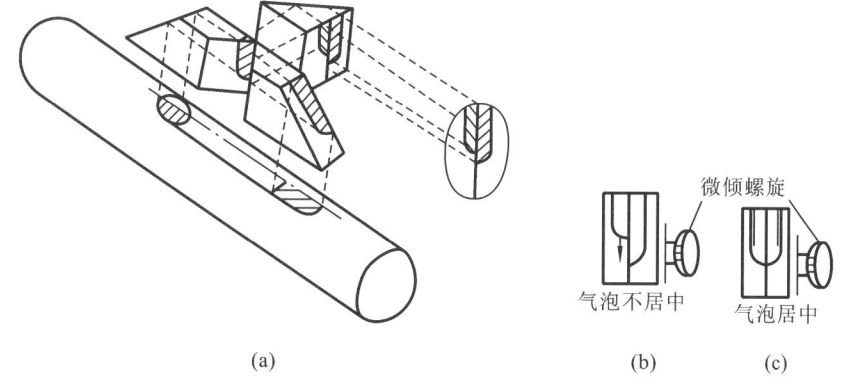

图 2-7　符合式水准器

③基座。它由轴座、脚螺旋、底板和三角压板构成。基座起支撑仪器的作用，轴座与仪器竖轴连接，脚螺旋用于调节圆水准器水平，底板通过脚螺旋与下部三脚架连接。

2. DS3 微倾式水准仪的主要轴线

如图 2-8 所示，水准仪的轴线有以下四条。

①视准轴(CC)：十字丝中心与物镜光心的连线。

②水准管轴(LL):过水准管零点 O 与水准管纵向圆弧的切线。

③圆水准器轴($L'L'$):通过水准管零点 O' 的球面法线。

④竖轴(VV):望远镜水平转动时的几何中心轴。

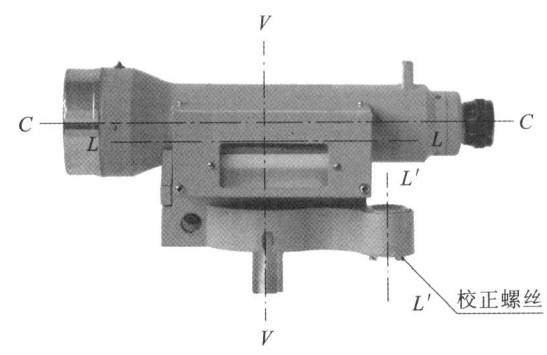

图 2-8 水准仪轴线

3. 各轴线间应满足的几何条件

为了保证水准仪提供一条水平视线,各轴线间应处于正确的几何关系,必须满足以下三个基本条件:

①圆水准器轴 $L'L'$ 应平行于竖轴 VV;

②水准管轴 LL 应平行于视准轴 CC;

③十字丝横丝应垂直于仪器竖轴 VV。

4. DS3 微倾式水准仪的基本操作程序

水准仪的基本操作程序可分为:安置仪器,粗略整平(以下简称粗平),照准调焦,精确整平(以下简称精平)和读数。

①安置仪器。选好平坦、坚固的地面作为水准仪的安置点,然后张开三脚架使架头高度适中,架头大致水平,再用连接螺旋将水准仪固定在三脚架头上,将脚架踩实。

②粗平。粗平是借助圆水准器气泡居中,使得仪器竖轴大致铅垂,视准轴大致水平。调节方法如图 2-9 所示,气泡处于 a 处,则先调节 1、2 脚螺旋,调节方向如图 2-9(a)所示,气泡将沿 1、2 脚螺旋连线方向移动,移动方向与左手大拇指调节方向一致,与右手大拇指相反。当气泡移动到图 2-9(b)所示的 b 位置(3 号脚螺旋与水准器零点连线上)时,停止调节 1、2 脚

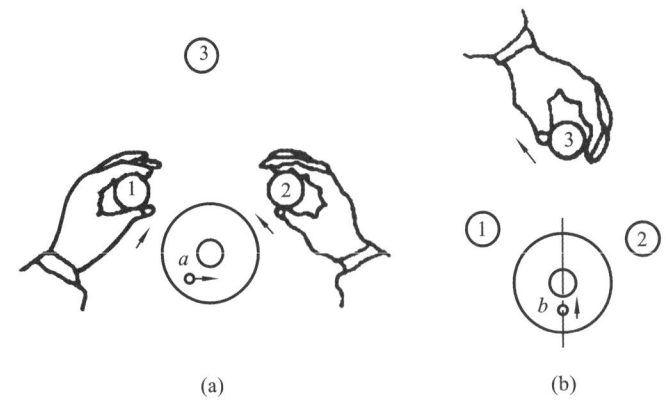

(a)   (b)

图 2-9 左手法则粗平圆水准器

螺旋。此时,只转动 3 号脚螺旋,调节方向同样遵守左手大拇指法则,使气泡移向中心位置,调节完毕。

③照准调焦。首先将望远镜对准背景明亮区域,转动目镜调焦螺旋使十字丝清晰,然后松开制动螺旋,转动望远镜,让照门、准星和水准尺处于同一直线,完成粗瞄。调节物镜调焦螺旋,使水准尺成像清晰。上下移动眼睛,观察十字丝与水准尺影像是否有错动现象,如有此现象,说明有视差。有视差会影响读数的准确性。消除视差的方法是,先转动目镜调焦螺旋,使十字丝达到最清晰的状态,然后瞄准目标,调节物镜调焦螺旋,使目标非常清晰,直到消除视差,完成调焦;最后调节微动螺旋,使十字丝竖丝与水准尺中部重合(可检查水准尺是否立铅垂),完成精确瞄准。

④精平。观察符合式水准管观测窗,同时转动微倾螺旋。当符合式水准管气泡吻合时,表明已精确整平,此时视准轴处于水平状态。若气泡不吻合,调节方式如图 2-10 所示,转动方向与左边气泡的运动方向一致。

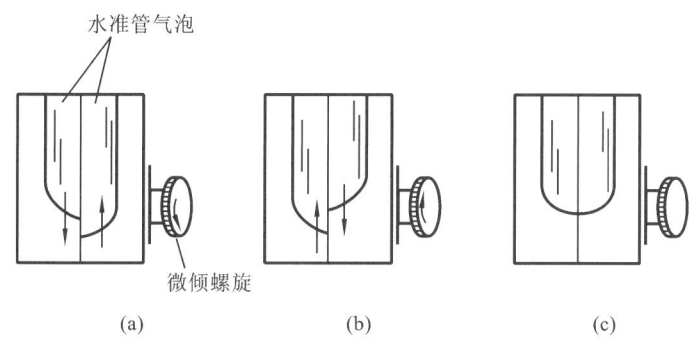

图 2-10　精平

(a)微倾螺旋向下调节;(b)微倾螺旋向上调节;(c)气泡吻合

⑤读数。精平后用十字丝横丝截读水准尺上的读数。无论使用的是正像水准仪还是倒像水准仪,读数一律从小往大读,读出米、分米、厘米位,估读出毫米位。如图 2-11 所示,图(a)为正像水准尺读数,中丝读作 1.122;图(b)为倒像水准尺读数,中丝读作 1.422;图(c)为塔尺读数,中丝读作 1.357。读数后再检查一下水准管气泡是否吻合,否则应重调节微倾螺旋,重新读数。读数完成报送给记录员记录。

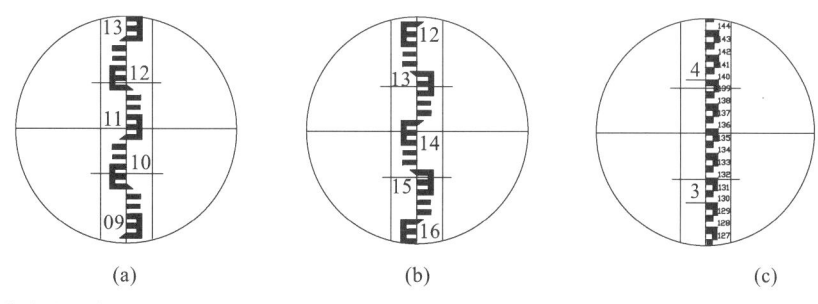

正像水准尺读数,从下往上读:　　倒像水准尺读数,从上往下读:　　塔尺读数:
中丝:1.122;上丝:1.215;　　　　中丝:1.422;上丝:1.331;　　　　中丝:1.357;上丝:1.393;
下丝:1.031。　　　　　　　　　　下丝:1.515。　　　　　　　　　　下丝:1.300。

图 2-11　水准尺读数

⑥记录计算。记录员听到报数后,再复述一遍,待观测员认可后,及时记录计算。

2.2.3 自动安平水准仪

自动安平水准仪是利用自动补偿器代替水准管,观测时只需用圆水准器进行粗平,照准后不需要精平,然后借助自动补偿器自动地把视准轴整平,即可读出视线水平时的读数。补偿范围一般在$\pm 8'$。使用自动安平水准仪不仅简化了操作,提高了速度,同时还减少了水准仪整平不当、地面有微小震动或脚架不规则下沉等因素对测量产生的影响,从而提高了观测的精度。自动安平水准仪是目前建筑工程测量中常用的高程测量仪器。

1. 自动安平原理

如图 2-12 所示,自动安平水准仪的补偿器安装在调焦透镜和十字丝分划板之间,它的构造是在望远镜筒内装有固定屋脊透镜,两个直角棱镜则用交叉的金属丝受重力作用自由悬吊在屋脊棱镜架上。

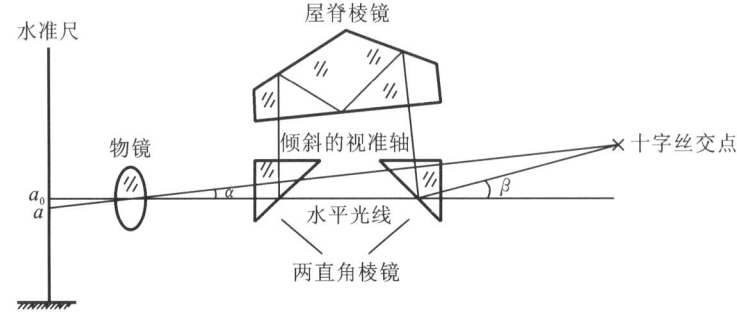

图 2-12　自动安平原理

当视准轴倾斜一个α角时,直角棱镜在重力作用下并不产生倾斜而处于正确位置,水平光线进入补偿器后,经第一个直角棱镜反射到屋脊棱镜,在屋脊棱镜中经三次反射后到第二个直角棱镜,从第二个直角棱镜中反射出来后与水平视线成β角,从而使水平光线最后恰好通过十字丝交点,达到补偿的目的。因此,当仪器粗略整平以后,视线倾斜的范围较小时,仪器的视线就自动水平了。

2. 自动安平水准仪构造

图 2-13 是国产 AL-32 型自动安平水准仪的外形。

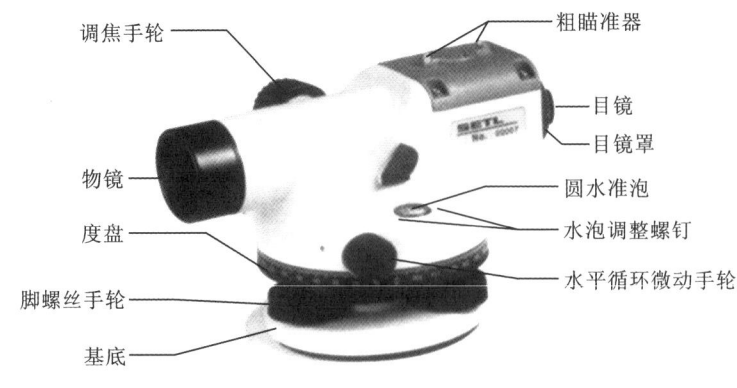

图 2-13　自动安平水准仪

3. 使用方法

由于采用了自动补偿器,其操作程序减少了精平这一步。

①粗略整平圆水准器。

②照准目标消除视差。

③等待 2～4 秒后,读数。

4. 使用注意事项

①自动安平水准仪均为正像水准仪,观测时使用正像水准尺。

②判断补偿器是否起作用,移动任何一个脚螺旋,使水泡偏离出小圆圈的一半,正常的十字丝应该还在同一个像点上,否则就是补偿器不合格,应及时检校。根据生产厂家和型号的不同,有的仪器上还装置有补偿检查按钮,读数前单击该按钮,十字丝略有浮动后立即稳定,此时补偿器正常工作,可读数。

③由于自动安平水准仪的关键部件是高灵敏度的自动补偿器。因此,在使用、携带和运输的过程中,要严禁剧烈震动,防止补偿器失灵。在使用前应对圆水准器进行检校,同时还要经常检验视准轴的正确性。

2.2.4 水准测量的常用工具

1. 水准尺

水准尺的形式分为两种,一种是供电子水准仪使用的条纹码水准尺,一种是供光学水准仪使用的厘米分划尺。

在工程中常使用普通水准尺,如图 2-14 所示。水准尺可分为直尺、塔尺和折尺,尺长有 2 m、3 m 和 5 m 三种规格。尺身上刻画黑(红)白格。每个格子为 1 cm 或 0.5 cm,每分米有数字注记。由于水准仪有正像水准仪和倒像水准仪,为配合水准仪的使用,水准尺的注记也有正像和倒像之分。使用时不管是正像还是倒像,注意将零点与立尺点直接接触。还有双面水准尺,正面为黑面,反面为红面,红面起始点不为零,而是 4.687 m 或 4.787 m。用黑红面分别读数可检查高差测量的正确性。

2. 尺垫

如图 2-15 所示,尺垫用生铁铸成,放在转点下面,用脚踩实。测量时水准尺放在尺垫中心的半圆球上方,以防止水准尺下沉所带来的误差。

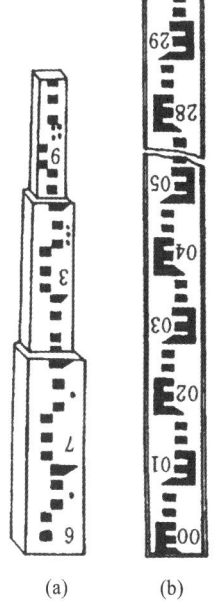

图 2-14 水准尺

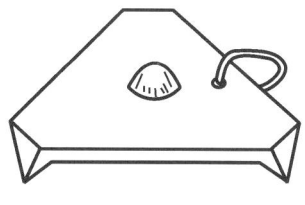

图 2-15 尺垫

2.3 水准测量的外业测量和内业计算

2.3.1 水准测量的外业测量

1. 水准点

水准点就是已知高程点。除青岛建立的水准原点以外,为满足各地工程建设的需要,测绘单位在全国埋设了许多固定的测量标志,分为一、二、三、四等水准点,作为测量的依据,用 BM 表示。除精度分为一、二、三、四等以外,水准点按其重要性和保存时间的时效性,分为永久水准点和临时水准点,如图 2-16 所示。建筑工程测量一般埋设临时水准点,可埋设混凝土桩、打木桩、钉铁钉,也可利用房屋基石、坚硬岩石埋设。

为便于以后考察,布设的水准点应绘制附近地形平面草图,注明点号、等级、高程等信息,称为点之记。

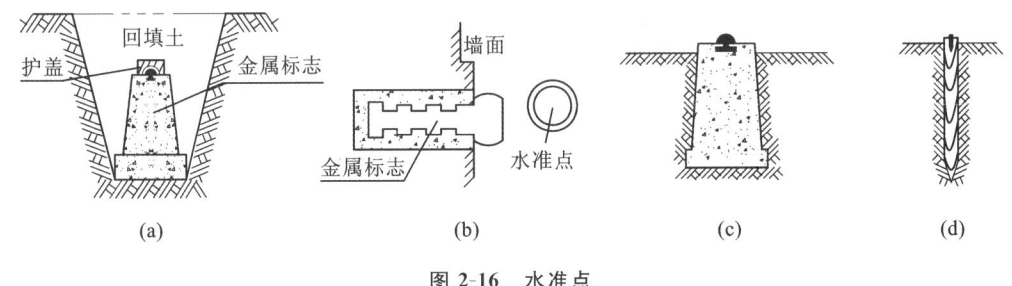

图 2-16 水准点

(a)永久水准点;(b),(c),(d)临时水准点

2. 水准测量方法

水准测量是从已知水准点开始,经过一系列观测,推测出待测点的高程。根据水准测量的原理,仅架设一次仪器便能测出两点间高差的水准测量称为简单水准测量。当待测点离已知点较远(大于 200 m)、高差较大(超过水准尺长度)或视线有遮挡的情况出现时,安置一次仪器不能直接测出高差,这时就需要在两点之间设立若干个临时立尺点,分段测其高差,逐段转测直至终点,这些临时立尺点称为转点,用 TP 表示。这种连续安置仪器重复简单水准测量的方法称为复合水准测量。根据记录和计算的方法不同,水准测量方法可分为高差法和视线高法。

①高差法。如图 2-17 所示,安置仪器的地方称为测站,该水准路线上总共安置了四次仪器,有四个测站。在第一个测站上,后视已知水准点 BM_A,前视转点 TP_1,BM_A 和 TP_1 称为

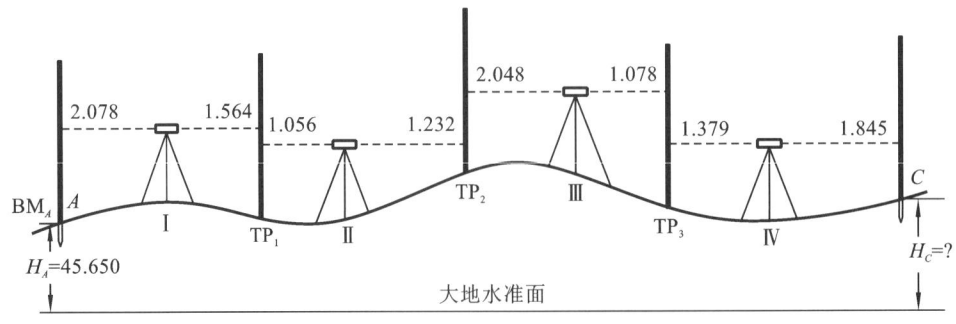

图 2-17 水准测量外业观测数据

第一个测站的测点。在第一个测站上的观测程序如下。

首先,将仪器大致安置在两测点的中间位置,调节脚螺旋,使圆水准器气泡居中。

然后,照准后视(BM$_A$)尺,消除视差,并转动微倾螺旋使水准管气泡精确居中(精平),用中丝截读后视尺读数 $a_1 = 2.078$。记录员复诵后记入手簿,见表 2-1。

表 2-1　高差法水准测量记录表

测　站	测　点	水准尺读数/m		高差/m		高程/m	备　　注
		后视(a)	前视(b)	＋	－		
Ⅰ	BM$_A$	2.078		0.514		45.650	已知水准点
	TP$_1$		1.564			46.164	转点
Ⅱ	TP$_1$	1.056			0.176		转点
	TP$_2$		1.232			45.988	转点
Ⅲ	TP$_2$	2.048		0.970			转点
	TP$_3$		1.078			46.958	转点
Ⅳ	TP$_3$	1.379			0.466		转点
	C		1.845			46.492	待测点
计算校核		$\sum$ 6.561 −5.719 +0.842	$\sum$ 5.719	$\sum$ 1.484 −0.642 +0.842	$\sum$ −0.642	46.492 −45.650 +0.842	

第三步,在水准路线前进方向上的适当位置,选择转点 TP$_1$,下面放尺垫,转动望远镜,照准前视(TP$_1$)尺,消除视差,精平,读前视尺读数 $b_1 = 1.564$。记录员复诵后记入手簿,并计算出 BM$_A$点与转点 TP$_1$之间的高差:

$$h_1 = 2.078 - 1.564 = +0.514\text{(m)}$$

填入表 2-1 测站Ⅰ中的高差栏,至此完成第一个测站的观测。

最后,第一个测站观测完后,转点 TP$_1$处的尺垫和水准尺保持不动,在前方适当位置寻找转点 TP$_2$放尺垫和水准尺,将仪器移到测站Ⅱ处安置,后视 TP$_1$,前视 TP$_2$点,继续进行第二站的观测、记录、计算,用同样的工作方法一直到达终点 C 点。

显然,每安置一次仪器,就测得一个高差,即

$$h_1 = a_1 - b_1$$
$$h_2 = a_2 - b_2$$
$$\cdots$$
$$h_4 = a_4 - b_4$$

将各式相加,得

$$\sum h = \sum a - \sum b$$

C 点的高程

$$H_C = H_A + \sum h$$

高差计算完成后,为检核计算的正确性,应在表格纵向上对后视读数、前视读数、高差求和。当 $\sum a - \sum b = \sum h$ 时,表明高差计算正确。此时再进行高程的推算。推算完成后,同样要进行校核,若 $H_终 = H_起 + \sum h$,表明计算正确。值得注意的是,校核计算只能检查计算是否正确,并不能发现观测、记录过程中有无差错,因此,观察记录应仔细。

②视线高法。视线高法与高差法的观测程序相同,只是记录和计算略有差异。外业观测数据见图 2-17,数据记录计算见表 2-2。

表 2-2　视线高法水准测量记录表

测站	测点	后视/m	视线高/m	前视/m	高程/m	备　注
Ⅰ	BM_A	2.078	47.728		45.650	已知水准点
	TP_1			1.564	46.164	转点
Ⅱ	TP_1	1.056	47.220			转点
	TP_2			1.232	45.988	转点
Ⅲ	TP_2	2.048	48.036			转点
	TP_3			1.078	46.958	转点
Ⅳ	TP_3	1.379	48.337			待测点
	C			1.845	46.492	待测点
计算校核		$\sum$ 6.561 −5.719 +0.842		$\sum$ 5.719	46.492 −45.650 +0.842	

a. 计算测站Ⅰ仪器的视线高为

$$H_{i1} = H_A + a_1 = 45.650 + 2.078 = 47.728 \text{(m)}$$

b. 记入测站Ⅰ视线高栏,再计算转点 TP_1 的高程为

$$H_1 = H_{i1} - b_1 = 47.728 - 1.564 = 46.164 \text{(m)}$$

记入 TP_1 高程栏。

计算测站Ⅱ的视线高为

$$H_{i2} = H_1 + a_2 = 46.164 + 1.056 = 47.220 \text{(m)} \quad 填入表格$$

计算 TP_2 点高程为

$$H_2 = H_{i2} - b_2 = 47.220 - 1.232 = 45.988 \text{(m)} \quad 填入表格$$

以此类推,可得 C 点高程。

c. 计算校核

$$\sum a = 2.078 + 1.056 + 2.048 + 1.379 = 6.561 \text{(m)}$$

$$\sum b = 1.564 + 1.232 + 1.078 + 1.845 = 5.719 \text{(m)}$$

$$\sum a - \sum b = 6.561 - 5.719 = +0.842 \text{(m)}$$

$$H_C - H_A = 46.492 - 45.650 = +0.842 \text{(m)}$$

3. 水准测量施测要点

水准测量的连续性很强,只要有一个环节出现错误,就容易造成整个工程的返工,因此,施测中应注意以下几点。

①水准仪使用要点。

a. 测站的选择。

仪器位置选在坚实的地面上,三脚架要踩实,以防仪器下沉和滑动。前后视距要大致相等,距离适当(40~70 m)。

　　b. 消除视差。

　　先将十字丝调清晰,然后调物镜调焦螺旋使成像清晰,消除视差。若上下移动视线,发现读数有晃动,或成像模糊,说明有视差,均不可读数。

　　c. 视线水平。

　　使用微倾式水准仪时,应精平水准管,读完数后,再次检查水准管气泡是否吻合。

　　d. 避免强光。

　　在烈日下作业要撑伞遮住阳光,避免气泡因受热不均而影响其整平稳定性。

　　e. 搬站慎重。

　　在没读好转点前视读数以前,仪器不得搬迁。

　　②水准尺立尺要点。

　　a. 检查水准尺。

　　检查尺底部是否有泥土结冰等污物,如有,应及时清除。检查塔尺结合处是否密合。

　　b. 立尺要竖直。

　　立尺要使尺身竖直,双手扶尺,手不遮尺面。

　　c. 转点加尺垫。

　　在转点处立尺,下方应使用尺垫防止尺子下沉。

　　d. 避免水准尺"零点"误差。

　　水准尺应交替前进,即上一个测站的后视尺,作为下一个测站的前视尺。采取偶数站,起终点用同一根水准尺,避免"零点"误差。

　　e. 转点选取要点。

　　地质坚硬:转点应选在地质坚实又凸起的地方,便于使用尺垫,防止水准尺下沉。前后视距等长:选点时要保证前后视距大致相等,前后视距大致相等可削弱视准轴不平行于水准管轴引起的 i 角误差,削弱地球曲率误差和大气折光差,还可以减少调焦,提高观测速度。

　　③读数记录计算要点。

　　a. 读数。

　　读数要快速准确,估读到毫米位。读数时一定要从小数向大数读。

　　b. 记录。

　　记录员要复诵读数,以便核对。记录要整洁、清楚端正,选用 4H 铅笔记录,如果有错,不能用橡皮擦去而应在改正处划一横,在旁边注上改正后的数字。

　　c. 计算。

　　记录完成,立即计算,发现问题,立即重测。

2.3.2　水准测量成果校核

　　水准测量工程中,为保证测量成果的精度,及时发现错误并减少误差,应对测量数据进行校核,校核方法分为测站校核和路线校核。对于等外水准测量,可单独采用路线校核,若精度要求较高,一般采用两种方式相结合进行校核。

　　1. 测站校核

　　安置一次水准仪便能测出一个高差,此高差的正确性是整个水准测量路线精度合格的基础。因此,要对此高差进行测站校核,确保其正确性。测站校核可以采用双面尺法和双仪器高法。

①双仪器高法。

在同一测站上安置两次仪器,读出两组后视读数和前视读数,计算出两组高差,理论上两高差应该相等。由于误差原因,其差值应以不超过允许值为要求(如等外水准容许值为 6 mm,四等 5 mm,三等 3 mm),满足要求时取其平均值作为最后高差,否则重测。

②双面尺法。

在同一测站上,保持仪器高度不变,利用双面尺上的红黑面分别读数,计算出黑面高差 $h_黑 = a_黑 - b_黑$,红面高差 $h_红 = a_红 - b_红$。由于两水准尺黑面起始点相同,而红面起始点读数一根为 4.687 m,一根为 4.787 m,相差 100 mm,计算时应在红面高差上 ±100 mm,再与黑面高差比较。即 $h_黑 - (h_红 \pm 100\ mm)$ 不超过 6 mm 为合格(等外),四等为 3 mm。

2. 路线检核

水准测量进行的路线,称为水准路线。测站校核只能保证每个测站所测高差的正确性,而对于整条路线来说,不能保证它的精度达标,因此还应进行路线校核。

①水准路线的布设形式。

根据测区的具体情况不同,可选用不同形式的水准路线,其布设形式有闭合水准路线、附合水准路线、支水准路线。

a. 闭合水准路线。

如图 2-18(a)所示,由水准点 BM_A 出发,沿待测水准点 1、2、3 进行水准测量,最后回到 BM_A 点,形成一个闭合回路。

b. 附合水准路线。

如图 2-18(b)所示,由水准点 BM_A 出发,沿待测水准点 1、2、3 进行水准测量,最后附合到另一水准点 BM_B 点,形成一个附合水准路线。

c. 支水准路线。

如图 2-18(c)、(d)所示,由水准点 BM_A 出发,沿待测水准点 1、2 进行水准测量,既不闭合,也不附合到另一水准点。一般采用往返观测或复测法(单程双线法)。

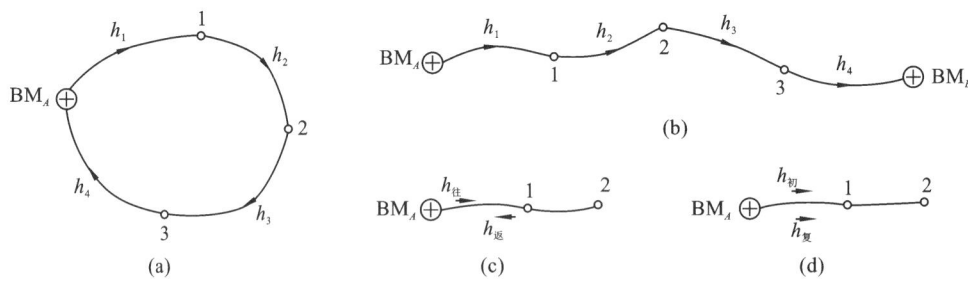

图 2-18 水准路线

(a)闭合水准路线;(b)附合水准路线;(c)支水准路线往返测量;(d)支水准路线单程双线测量

②路线检核条件,高差闭合差 f_h 的计算。

a. 闭合水准路线。

由闭合水准路线的布设形式不难得出,所有高差求和的理论值 $\sum h_理 = H_{终点} - H_{起点}$,由于回到起始水准点,那么 $H_{终点} = H_{起点}$,则 $\sum h_理 = 0$。而实际施测中,$\sum h$ 则由于观测者、环境和仪器的影响,通常不等于 $\sum h_理$,即 $\sum h_测 \neq \sum h_理$,其差值为高差闭合差 f_h。

$$f_h = \sum h_测 - \sum h_理 = \sum h_测 - 0 = \sum h_测$$

b. 附合水准路线。

附合水准路线的所有高差求和的理论值 $\sum h_理 = H_终点 - H_起点$。

$$f_h = \sum h_测 - \sum h_理 = \sum h_测 - (H_终点 - H_起点)$$

c. 支水准路线。

从路线布设形式来看,本身没有检核条件,因此通常采用往返测量法或复测法(单程双线法)来构建检核条件。

◇ 往返测量法

理论上,往返两次高差,其数值应相等,符号相反,即 $\sum h_往 = - \sum h_返$。那么往返高差代数和 $\sum h = \sum h_初 + \sum h_复$,理论上应该等于0。

$$f_h = \sum h_测 - \sum h_理 = \left(\sum h_往 + \sum h_返 \right) - 0 = \sum h_往 + \sum h_返$$

◇ 复测法

理论上,两次高差,其数值应相等,符号也相同,即 $\sum h_初 = - \sum h_复$。那么两次高差之差 $\Delta h = \sum h_初 + (- \sum h_复)$,理论上应该等于0。

$$f_h = \sum h_测 - \sum h_理 = \left(\sum h_初 - \sum h_复 \right) - 0 = \sum h_初 - \sum h_复$$

高差闭合差 f_h 不能太大,要在一定的范围内,证明水准路线观测合格,达到路线检核目的。

以上三种路线检核方式中,以附合水准路线最可靠,实测中最好使用附合水准路线,不使用闭合水准路线和支水准路线。因为这两种方法只以一个水准点为依据,如果这个点移动了,就会出现高程抄错或用错点位的情况,在计算成果时均无法发现,造成最终测量结果的错误。

③水准路线的精度要求。

水准路线是否合格的判断依据是,高差闭合差 f_h 一定要在规定范围内,根据规定,四等测量高差闭合差容许值为

$$f_{h容} = \pm 20 \sqrt{L} \text{ mm(每千米测站数少于15站时,视为平地,用该公式,单位:mm)}$$

或　　$f_{h容} = \pm 6 \sqrt{n} \text{ mm(每千米测站数多于15站时,视为山地,用该公式,单位:mm)}$

式中　L——水准路线总长度,km。

　　　　n——水准路线总测站数。

若 $|f_h| > |f_{h容}|$ 时,精度不合格,应重测外业;若 $|f_h| \leqslant |f_{h容}|$ 时,精度合格,可进行内业成果整理。

若使用等外水准路线,其容许误差为 $f_{h容} = \pm 40 \sqrt{L} \text{ mm}$ 或 $f_{h容} = \pm 12 \sqrt{n} \text{ mm}$。

2.3.3　水准测量内业成果整理

当路线检核合格后,应将外业实测高差数据填入内业成果整理表中,进行高差闭合差调整,计算调整值,并推算高程,内业成果整理的实质就是修正误差。

1. 闭合差调整的原则

①调整值大小是按测站数或各段的长度成正比例分配(认为在仪器、观测者、环境相同

的情况下,每站或每千米产生误差的大小相等)。

②调整值的符号与实测高差闭合差符号相反(调整的目的是将高差闭合差取反号加以消除)。

③调整数最小单位为 1 mm(与高程测量最小单位相同)。

④调整数求和应等于高差闭合差相反数,即 $\sum C = -\sum f_h$(由于最小单位为 1 mm,在计算过程中可能出现凑整误差,使得 $\sum C \neq -\sum f_h$,此时应在测站数最多或最长那段 ± 1 mm 调整,使 $\sum C = -\sum f_h$)。

2. 调整数(高差改正数)C_i 的计算

根据闭合差的调整原理,可得 C_i 的计算公式为

$$C_i = -\frac{f_h}{\sum n} n_i \quad 或 \quad C_i = -\frac{f_h}{\sum L} L_i$$

式中 f_h——高差闭合差,mm。

       n_i——某测段测站数。

       $\sum n$——水准路线总测站数。

       L_i——某测段水准路线长度,km。

       $\sum L$——水准路线总长度,km。

3. 实例

[**例 2-4**] 一条等外闭合水准路线,由四段组成,各段的实测高差和测站数如图 2-19 所示,箭头表示水准测量前进方向,BM_A 为已知水准点,高程为 56.787 m,计算待测点 1、2、3 的高程。

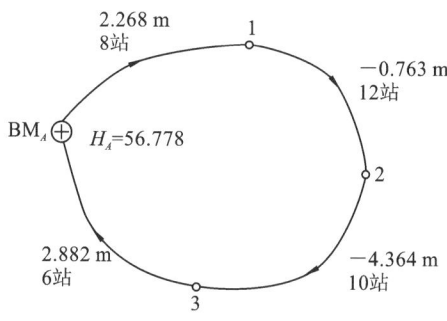

图 2-19 闭合水准路线

①计算高差闭合差。

$$f_h = \sum h_{测} = 0.023 = 23 \text{ (mm)}$$

②计算容许闭合差。

$$f_{h容} = \pm 12\sqrt{n} = \pm 12\sqrt{36} = \pm 72 \text{ (mm)}$$

比较,$|f_h| < |f_{h容}|$,故其精度符合要求,可做下一步计算。

③计算高差调整值 C_i。

$$C_1 = -\frac{f_h}{\sum n} n_1 = -\frac{23}{36} \times 8 = -5 \text{ (mm)}$$

$$C_2 = -\frac{f_h}{\sum n}n_2 = -\frac{23}{36}\times 12 = -8\text{（mm）}$$

$$C_3 = -\frac{f_h}{\sum n}n_3 = -\frac{23}{36}\times 10 = -6\text{（mm）}$$

$$C_4 = -\frac{f_h}{\sum n}n_4 = -\frac{23}{36}\times 6 = -4\text{（mm）}$$

检核 $$\sum C = -f_h = -23 \text{ mm}$$

④计算改正后高差 $h_{i改}$。

$$h_{1改} = h_{1测} + C_1 = 2.268 - 0.005 = 2.263\text{（m）}$$
$$h_{2改} = h_{2测} + C_2 = -0.763 - 0.008 = -0.771\text{（m）}$$
$$h_{3改} = h_{3测} + C_3 = -4.364 - 0.006 = -4.370\text{（m）}$$
$$h_{4改} = h_{4测} + C_4 = 2.882 - 0.004 = 2.878\text{（m）}$$

检核，改正后的高差代数和，应等于理论值 0，即：$\sum h_{改} = 0$。如不相等，说明计算中有错误存在。

⑤计算高程。

测段起点高程加测段改正后高差，即得测段终点高程，以此类推，最后推出的终点高程应与起始点的高程相等，即

$$H_1 = H_A + h_{1改} = 56.787 + 2.263 = 59.050\text{（m）}$$
$$H_2 = H_1 + h_{2改} = 59.050 - 0.771 = 58.279\text{（m）}$$
$$H_3 = H_2 + h_{3改} = 58.279 - 4.370 = 53.909\text{（m）}$$

检核，根据 3 点高程，推算 H_A 高程应等于起点给定高程值，即

$$H_A = H_3 + h_{4改} = 53.909 + 2.878 = 56.787\text{（m）}$$

表明高程推算正确，整理内业数据，填入表 2-3。

表 2-3 闭合水准路线内业成果整理表

测段编号	点号	测站 n_i/站	实测高差 h_i/m	高差改正数 C_i/m	改正后高差 $h_{改}$/m	高程 H/m	备注
1	BM$_A$	8	2.268	−0.005	2.263	56.787	已知点
	1					59.050	
2		12	−0.763	−0.008	−0.771		
	2					58.279	
3		10	−4.364	−0.006	−4.370		
	3					53.909	
4		6	2.882	−0.004	2.878		
	BM$_A$					56.787	已知点
$\sum$		36	0.023	−0.023	0		

[例 2-5] 一条四等附合水准路线，由四段组成，各段的实测高差和路线长度如图 2-20所示，箭头表示水准测量前进方向，BM$_A$ 为已知水准点，高程为 497.865 m，终点 B 高程为 511.198 m，计算待测点 1、2、3 的高程。

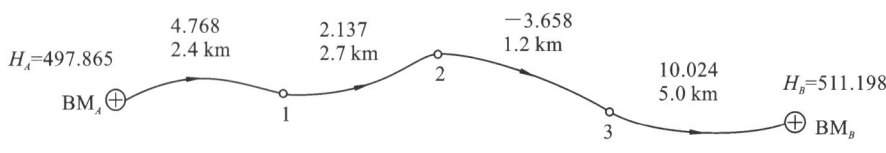

图 2-20 附合水准路线

①计算高差闭合差。

$$f_h = \sum h_{测} - \sum h_{理} = \sum h_{测} - (H_{终} - H_{起}) = 13.271 - (511.198 - 497.865)$$

$$= 13.271 - 13.333 = -0.062 (\text{m}) = -62 (\text{mm})$$

②计算容许闭合差。

$$f_{h容} = \pm 20 \sqrt{L} = \pm 20 \sqrt{11.3} = \pm 67 \text{ mm}$$

比较,$|f_h < |f_{h容}|$,故其精度符合要求,可做下一步计算。

③计算高差调整值 C_i。

$$C_1 = -\frac{f_h}{\sum L} L_1 = \frac{62}{11.3} \times 2.4 = 13 (\text{mm})$$

$$C_2 = -\frac{f_h}{\sum L} L_2 = \frac{62}{11.3} \times 2.7 = 15 (\text{mm})$$

$$C_3 = -\frac{f_h}{\sum L} L_3 = \frac{62}{11.3} \times 1.2 = 7 (\text{mm})$$

$$C_4 = -\frac{f_h}{\sum L} L_4 = \frac{62}{11.3} \times 5.0 = 27 (\text{mm})$$

检核 $$\sum C = -f_h = 0.062 (\text{m}) = 62 (\text{mm})$$

④计算改正后高差 $h_{改}$。

$$h_{1改} = h_{1测} + C_1 = 4.768 + 0.013 = 4.781 (\text{m})$$

$$h_{2改} = h_{2测} + C_2 = 2.137 + 0.015 = 2.152 (\text{m})$$

$$h_{3改} = h_{3测} + C_3 = -3.658 + 0.007 = -3.651 (\text{m})$$

$$h_{4改} = h_{4测} + C_4 = 10.024 + 0.027 = 10.051 (\text{m})$$

检核,改正后的高差代数和,应等于理论值 $H_{终} - H_{起}$,即

$$\sum h_{改} = H_{终} - H_{起} = 13.333 (\text{m})$$

如不相等,说明计算中有错误存在。

⑤计算高程。

测段起点高程加测段改正后高差,即得测段终点高程,以此类推。最后推出的终点高程应与已知的终点高程 H_B 相等,即

$$H_1 = H_A + h_{1改} = 497.865 + 4.781 = 502.646 (\text{m})$$

$$H_2 = H_1 + h_{2改} = 502.646 + 2.152 = 504.798 (\text{m})$$

$$H_3 = H_2 + h_{3改} = 504.798 - 3.651 = 501.147 (\text{m})$$

检核,根据 3 点高程,推算 B 点高程 H_B 应等于给定的终点高程值 H_B,即

$$H_B = H_3 + h_{3改} = 501.147 + 10.051 = 511.198 (\text{m})$$

表明高程推算正确,整理相关数据,填入附合水准路线内业成果整理表,见表 2-4。

表 2-4 附合水准路线内业成果整理表

测段编号	点号	路线长度 l_i/km	实测高差 h_i/m	高差改正数 C_i/m	改正后高差 $h_{改}$/m	高程 H/m	备注
1	BM_A	2.4	4.768	0.013	4.781	497.865	已知点
	1					502.646	
2		2.7	2.137	0.015	2.152		
	2					504.798	
3		1.2	−3.658	0.007	−3.651		
	3					501.147	
4		5.0	10.024	0.027	10.051		
	BM_B					511.198	已知点
$\sum$		11.3	13.271	0.062	13.333		

[例 2-6] 支水准路线的观测方法分为两种形式,分别为往返测法和复测法(单程双线法)。

①往返测法。

一条等外支水准路线,已知数据及观测数据如图 2-21 所示,往返测路线总长度为 2.8 km,计算 1 点高程。

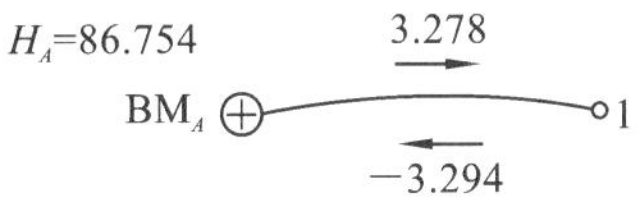

图 2-21 支水准路线——往返测法

a. 计算高差闭合差。

$$f_h = |h_{往}| - |h_{返}| = (3.278 - 3.294)\ \text{m} = -0.016\ \text{m} = 16\ \text{mm}$$

b. 计算容许闭合差。

$$f_{h容} = \pm 40\sqrt{L} = \pm 40\sqrt{2.8} = \pm 67\ (\text{mm}), \quad |f_h| < |f_{h容}|$$

故其精度符合要求,可做下一步计算。

c. 计算改正后高差。

支水准路线往、返测高差的平均值即为改正后高差,其符号以往测为准,即

$$h_{A1改} = \frac{h_{往} - h_{返}}{2} = \frac{3.278 + 3.294}{2} = 3.286\ (\text{m})$$

d. 计算 1 点高程。

起点高程加改正后高差,得 1 点高程,即

$$H_1 = H_A + h_{A1改} = 86.754 + 3.286 = 90.040\ (\text{m})$$

②复测法。

如图 2-22 所示,为一条等外支水准路线,已知数据及观测资料如图所示,初测和复测总站数为 23 站,计算 1 点高程。

a. 计算高差闭合差。

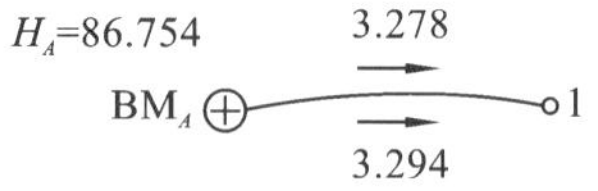

$$H_A = 86.754 \qquad \overrightarrow{3.278}$$
$$\text{BM}_A \oplus \overline{} \circ 1$$
$$\overrightarrow{3.294}$$

图 2-22 支水准路线——复测法

$$f_h = 3.278 - 3.294 = -0.016 \,(\text{m}) = -16 \,(\text{mm})$$

b. 计算容许闭合差。

$$f_{h容} = \pm 12\sqrt{n} = \pm 12\sqrt{23} = \pm 58 \,(\text{mm}), \quad |f_h| < |f_{h容}|$$

故其精度符合要求,可做下一步计算。

c. 计算改正后高差。

支水准路线初、复测高差的平均值即为改正后高差。即

$$h_{A1改} = \frac{h_{往1} + h_{往2}}{2} = \frac{3.278 + 3.294}{2} = 3.286 \,(\text{m})$$

d. 计算 1 点高程。

起点高程加改正后高差,得 1 点高程,即

$$H_1 = H_A + h_{A1改} = 86.754 + 3.286 = 90.040 \,(\text{m})$$

2.4 水准仪的检验和校正与保养

2.4.1 水准仪的检验

根据《水准仪检定规程》(JJG 425—2003)规定,水准仪的检定项目为 15 项,见表 2-5,检定周期一般不超过一年。

表 2-5 水准仪检定项目表

序号	检 定 项 目		检 定 类 别		
			首次检定	后续检定	使用中检定
1	外观及各部件功能相互作用		+	+	+
2	水准管角值		+	—	—
3	竖轴运转误差		+	+	—
4	望远镜分划板横线与竖轴的垂直度		+	+	+
5	视距乘常数		+	—	—
6	测微器行差及回程差		+	+	+
7	数字水准仪视线距离测量误差		+	—	—
8	视准线的安平误差		+	+	+
9	望远镜视准轴与水准管轴在水平面内投影的平行度(交叉误差)		+	+	+
10	视准线误差(i 角)		+	+	+
11	望远镜调焦运行误差		+	+	—
12	自动安平水准仪	补偿器误差及补偿器工作范围	+	+	—
13		双摆位误差	+	+	—
14	测站单次高差标准偏差		+	—	—
15	自动安平水准仪磁致误差		—	—	—

注:检定类别中"+"为必须检测项目;"—"为可不检项目,由送检单位需要确定。

2.4.2 水准仪的检校

从表2-5中得知,在水准仪使用过程中,除对水准仪外观及各构件功能检校以外,还应经常对以下三点进行检校,即:圆水准器的检验和校正;十字丝横丝的检验和校正;水准管轴的检验和校正。

1. 圆水准器的检验和校正

(1)目的:使其满足条件圆水准器轴($L'L'$)平行于竖轴(VV)。即圆水准器气泡居中时,竖轴基本铅直,视准轴粗略水平。

(2)检验:安置仪器后,用脚螺旋粗平水准仪使气泡居中,然后将望远镜绕竖轴转180°,如气泡仍居中,表明条件满足;如气泡不居中,则需校正。

(3)校正。

校正原理:若圆水准器轴不平行于竖轴,如图2-23(a)所示,两轴夹角为α。将望远镜旋转180°后,竖轴不变,圆水准器轴变为图2-23(b)所示位置,此时圆水准器轴与竖轴间偏角为2α。校正时,只需要将气泡向零点方向返回一半,就能使圆水准器轴平行于竖轴。

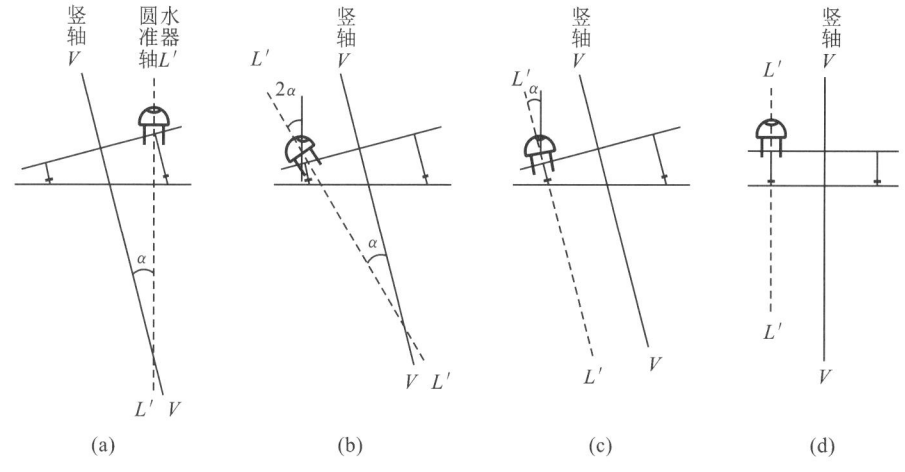

(a)　　　　　　　(b)　　　　　　　(c)　　　　　　　(d)

图 2-23 圆水准器轴平行于竖轴的校正

①用拨针调节圆水准器下面的三个校正螺钉,如图2-24所示,使气泡退回零点方向的一半,如图2-23(c)所示,此时气泡虽不居中,但圆水准器轴已平行于竖轴。

②转动脚螺旋使偏离一半的气泡居中,此时圆水准器轴与竖轴均处于铅垂位置,如图2-23(d)所示。

③用这种方法反复检校,直到转到任何方向,气泡均居中为止,校正即可结束。最后,将三个校正螺钉拧紧。

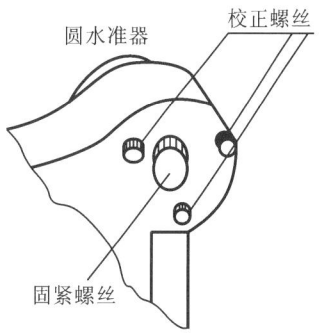

图 2-24 校正圆水准器

2. 十字丝横丝的检验和校正

(1)目的:使十字丝横丝垂直于竖轴(VV)。当竖轴铅直时,横丝水平,横丝上任何位置读数均相同。

(2)检验。

①用十字丝横丝一端对准远处一明显点状标志N,如图2-25(a)所示。拧紧制动螺旋。

②旋转微动螺旋,使望远镜视准轴绕竖轴缓慢横向移动,如果N点沿着横丝移动,如图

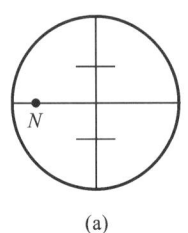 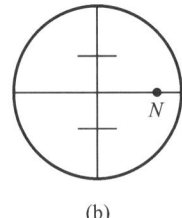 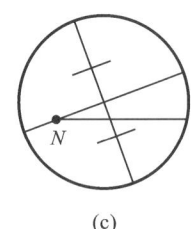 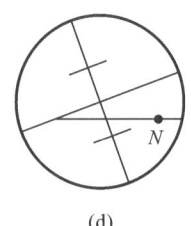

(a)　　　　　　　(b)　　　　　　　(c)　　　　　　　(d)

图 2-25　十字丝横丝垂直于竖轴的检校

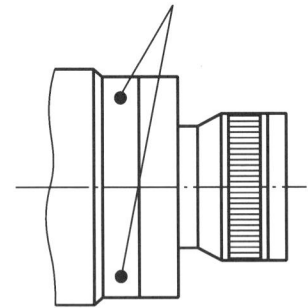

分划板座固定螺丝

图 2-26　十字丝横丝的校正

2-25(b)所示,则表示十字丝横丝与竖轴垂直;不需校正。

③如果 N 点明显偏离横丝,如图 2-25(c)、(d)所示,表示十字丝横丝不垂直于竖轴,需要校正。

(3)校正步骤。

①用螺丝刀松开十字丝分划板座的固定螺钉,如图 2-26 所示,微微转动十字丝分划板板座,使 N 点沿十字丝横丝移动,再将固定螺钉拧紧。

②此项校正要反复进行多次,直到满足条件为止。

③当 N 点偏离横丝不明显时,一般不进行校正,在观测中可用竖丝与横丝的交点读数。

3. 水准管轴的检验和校正(i 角误差校正)

(1)目的:满足条件水准管轴(LL)平行于视准轴(CC),使水准管气泡居中时,视准轴处于水平位置。

(2)检验。

检验原理:若水准管轴不平行于视准轴,设它们之间的夹角为 i,当水准管气泡居中时,视准轴与水平视线产生倾斜角 i 角,从而使读数产生偏差值 Δ,称为 i 角误差。i 角误差与距离成正比,距离越远,误差越大。若前后视距离相等,则两根尺子上的 i 角误差 Δ 也相等,因此,后视减前视所得高差不受其影响。

①选择一平坦地面,相距 80 m 的 A、B 两点,打入木桩或放好尺垫后立水准尺,如图 2-27 所示。

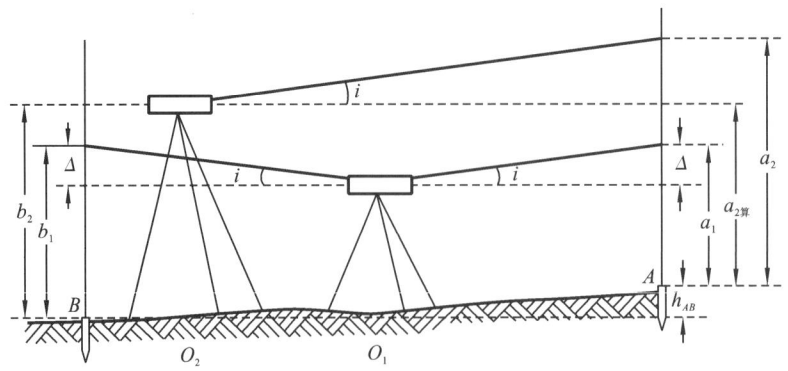

图 2-27　水准管轴的检校

②用皮尺量取距 A、B 两点距离相等的 O_1 点,将水准仪安置于 O_1 点处,用两次仪高法测定 A、B 两点的高差。若两次高差之差不超过 3 mm,则取两高差平均值作为 A、B 两点的高

差 h_{AB}。

③将水准器安置在距 B 点 3 m 处的 O_2 点,读出 B 点水准尺上的读数 b_2,因水准尺距 B 点很近,其 i 角引起的读数偏差可近似为零,即认为 b_2 读数正确。此时,可根据 h_{AB} 和 b_2 推算出 A 点水准尺的读数 $a_{2算}$ 为

$$a_{2算} = h_{AB} + b_2$$

④照准 A 点水准尺,读得 A 点读数为 a_2,若 $a_{2算} = a_2$,说明两轴平行。否则,存在 i 角,其值为

$$i = \frac{a_{2算} - a_2}{D_{AB}} \rho''$$

式中,D_{AB} 为 AB 两点间的水平距离,$\rho = 206265''$。对于 DS3 型水准仪,当 i 角的值大于 $20''$ 时,须进行校正。

（3）校正。

①校正时,先调节望远镜微倾螺旋使十字丝横丝对准 A 点水准尺的读数 $a_{2算}$,此时视准轴处于水平位置,而水准管气泡却偏离了中心。

②如图 2-28 所示,用拨针松开左右两个校正螺丝,再按先松后紧的原则,分别拨动上下两个校正螺钉,使水准管气泡居中,最后旋紧左右两校正螺钉。此时水准管轴与视准轴相互平行,且都处于水平位置。

③此项检验校正要反复进行,直到 i 角小于 $20''$ 为止。

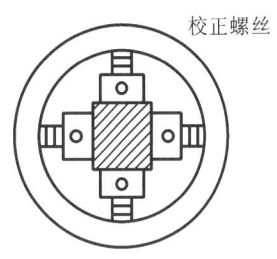

图 2-28 水准管轴的校正

2.4.3 水准仪及工具的保养

1. 水准仪的保养

①四防。

a. 防摔。三脚架要架稳定,连接螺旋要拧紧,仪器旁不得离人。

b. 防震。不得将仪器放在自行车后货架上骑行。

c. 防潮。下大雨要停止观测,下小雨可打伞作业。观测后要用干布擦去潮气。

d. 防晒。强光下要打伞,防止暴晒。

②两护。

保护目镜与物镜镜片,若镜片有污物,应用照相机镜头的专用纸擦拭,不得用一般抹布擦拭镜片。

③仪器的出入箱。

仪器开箱时应放平,开箱后记清主要部件在箱内摆放的位置,以便用完后按原样入箱;取出时,一手托基座,一手持支架;取出仪器后应及时关闭仪器箱,并不得坐仪器箱;观测结束后,先将制动螺旋松开,将脚螺旋旋回正常位置,检查附件齐全后按原样入箱。

④仪器的迁站。

迁站前,应将望远镜竖直(物镜朝下),旋紧制动螺旋;迁站时,合拢脚架,仪器置于胸前,一手托基座,一手持脚架于肋下,稳步持仪器前进。

⑤仪器的存放。

仪器应放在通风、干燥、温度稳定的房间里;仪器柜不得靠近火炉或暖气管。

2. 水准尺的保养

水准尺的底板容易沾泥水或其他污物,应经常清理,保持干燥清洁,同时注意底板螺钉的固定。使用塔尺时要注意接口与弹片是否松动,抽出塔尺时动作要轻。

3. 三脚架的保养

三脚架的三个固定螺旋不要拧太紧或太松,太松易摔仪器,太紧易滑丝。三脚架脚尖易沾泥水和污物,应经常清理,保持干燥清洁。

2.5 水准测量误差的来源及消减方法

水准仪误差来源于仪器误差、观测误差和外界条件影响三个方面。在作业过程中,应根据误差产生的原因,采取相应措施,尽量消除或减弱其影响。

2.5.1 仪器误差

仪器误差可能有以下原因。

①水准管轴(LL)不平行于视准轴(CC)。

水准管轴不平行于视准轴时,i 角误差虽然经过校正,但仍然存在残余误差。

处理:尽量使前后视距相等,可削弱此项误差的影响。

②十字丝横丝不垂直于竖轴。

若十字丝横丝不垂直于竖轴,会造成十字丝的不同位置在水准尺上截得的读数不同,从而产生误差。

处理:尽量用十字丝横丝的中部读数。

③水准尺误差。

a. 水准尺弯曲、刻画不准。

处理:使用前用标准水准尺进行检校。若水准尺弯曲、刻画不准,不能使用。

b. 底部零点磨损。

处理:在起点和终点使用同一把水准尺,可抵消其中的误差。

2.5.2 观测误差

观测误差可能有以下原因。

①水准管气泡居中误差。

水准管气泡不居中,则视线不水平,从而带来读数误差,距离越远误差越大。

处理:每次观测应使气泡严格居中,且距离不宜太远。

②估读水准尺误差。

估读误差与成像清晰度、望远镜放大倍率及视线长度有关。

处理:

a. 精确调焦,消除视差,保证成像清晰度;

b. 根据不同的仪器,保证视线长度要在规范所规定的范围内。

③水准尺倾斜误差。

水准尺倾斜,使读数产生误差。

处理:尽量使水准尺竖直,照准时让十字丝竖丝与水准尺边重合,可发现水准尺是否立竖直,以便纠正。

2.5.3 外界条件影响

①仪器、尺垫下沉。

仪器下沉使得视线降低,尺垫下沉使得视线相对升高,从而引起高差误差。

处理:对于精度要求较高的水准测量,采用"后前前后"的观测程序,可以减弱仪器、尺垫下沉对高差的影响。

②地球曲率及大气折光。

水准仪的水平视线和大地水准面之间存在差异,这种差异是因地球曲率和大气折光引起的,且视线越长差异越大。

处理:尽可能使前后视距相等,可削弱此项误差的影响。

③温度影响。

温度变化会引起大气折光的变化,同时会使水准管气泡向温度高的方向移动。

处理:选择有利的观测时间,强光下应打伞。

【思考题与习题】

1. 说明水准测量的基本原理。何为后视?何为前视?何为水准路线前进方向?

2. 什么叫高差法、视线高法?简述两者的优缺点及适用范围。

3. 简述望远镜的主要部件及各部件的作用。

4. 什么叫视差?产生视差的原因是什么?怎样消除视差?视差对观测精度的影响如何?

5. 水准仪有哪些轴线?它们之间应满足的几何条件是什么?

6. 何谓水准点?何谓转点?转点在水准测量中起什么作用?

7. 水准测量时,为什么要求前、后视距大致相等?

8. 简述水准测量一个测站的操作程序。

9. 水准测量测站的检核方法有哪些?如何进行?各自的优缺点有哪些?

10. 何为水准路线?水准路线在水准测量校核中起什么作用?

11. 在水准路线成果整理表中,为什么要采用计算校核?该表都采用了哪些计算校核法,分别能校核出哪些计算问题?

12. 水准测量中,哪些操作会产生偶然误差?哪些操作会产生系统误差?哪些操作会造成错误甚至返工?

13. 设 A 点为后视点,B 点为前视点,A 点高程为 78.615 m。当后视读数为 1.026 m,前视读数为 1.657 m 时,A、B 两点的高差是多少?B 点的高程是多少?请绘图说明。

14. 设 A 点为后视点,高程为 488.530 m,后视读数为 1.526 m。B_1、B_2、B_3 为待测点,水准尺上读数分别为 1.223 m、1.806 m、0.965 m,试计算仪器的视线高 H_i 及 B_1、B_2、B_3 点的高程。该四个点中哪点最高,哪点最低?其高程的大小与水准尺读数的大小有何关系?

15. 将图 2-29 中的水准测量观测数据,填入表 2-6,用高差法计算;填入表 2-7,用视线高法计算,并进行计算检核,求出各点的高程。

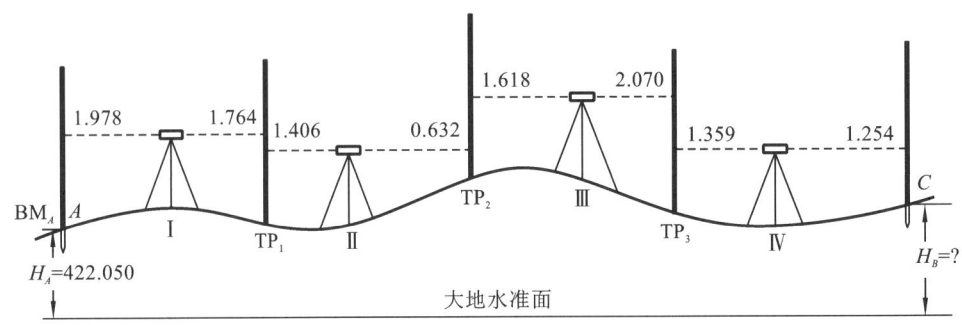

图 2-29　水准测量观测数据

表 2-6　高差法水准测量成果整理表

测站	测点	水准尺读数/m		高差/m		高程/m	备注
		后视(a)	前视(b)	+	−		
计算校核							

表 2-7　视线高法水准测量成果整理表

测站	测点	后视/m	视线高/m	前视/m	高程/m	备　注
计算校核						

16.图 2-30 为一等外闭合水准路线观测成果,已知 $H_A = 765.215$ m,求各点高程,将其填入表 2-8 闭合水准路线成果整理表中。

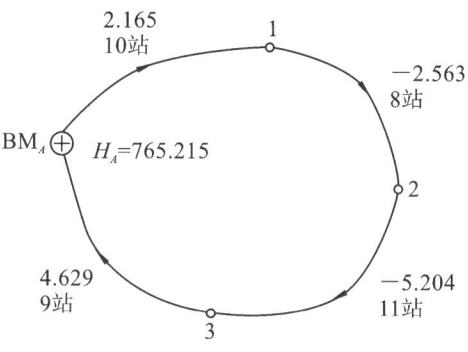

图 2-30　闭合水准路线

表 2-8　闭合水准路线成果整理表

测段编号	点号	测站 n_i/站	实测高差 h_i/m	高差改正数 C_i/m	改正后高差 $h_改$/m	高程 H/m	备注
$\sum$							

17.图 2-31 为一附合水准路线观测成果,已知 $H_A = 78.023$ m,$H_B = 86.790$ m,求各点高程,填入表 2-9 附合水准路线成果整理表中。

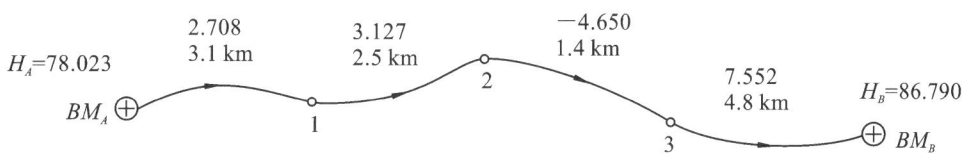

图 2-31　附合水准路线观测成果

表 2-9   附合水准路线成果整理表

测段编号	点号	路线长度 l_i /km	实测高差 h_i/m	高差改正数 C_i/m	改正后高差 $h_{改}$/m	高程 H/m	备注
$\sum$							

18. 已知一支水准路线的起始水准点 A，其高程为 $H_A = 25.678$ m。采用往返测量法观测，由 A 点至 B 点的往测高差为 -5.206 m，返测高差为 $+5.245$ m。支线单程长度为 1.1 km，求终点 B 的高程。

19. 已知一支水准路线的起始水准点 A，其高程为 $H_A = 532.658$ m。采用单程双线法观测，由 A 点至 B 点的初测高差为 $+2.156$ m，复测高差为 $+2.173$ m，两次观测的测站数总共为 12，求终点 B 的高程。

20. 设 A、B 两点相距 80 m，将水准仪安置在中点 C，用两次仪器高法测得 $h_{AB} = +0.286$ m，然后将仪器搬至 B 点附近处，测得 $b_2 = 1.238$ m，A 尺读数 $a_2 = 1.533$ m。求仪器的 i 角是多少？

项目三　角度测量

1. 了解水平角和竖直角的测量原理和经纬仪检校及日常的维护;
2. 熟悉 DJ2 的构造;
3. 掌握经纬仪的使用方法,掌握水平角和竖直角的外业观测步骤和内业计算方法。

　　角度测量是测量的三项基本工作之一,它包括水平角观测和竖直角观测。水平角观测是为了确定地面点的平面位置,竖直角观测是为了获得地面点的高程位置或与高程相关的坡度等。角度测量的主要仪器是经纬仪和全站仪。

3.1　水平角测量原理

　　空间两相交直线在水平面上的投影称为水平角,用 β 表示,其取值范围为 $0°\sim360°$。如图 3-1 所示,空间两相交射线 OA、OB 在水平面上的投影为 O_1a_1、O_1b_1,它们之间的夹角为水平角 β。如在 O 点安置一台配有水平度盘的仪器,则两射线在度盘上截得的读数为 a 和 b,两者之差即为水准角 β。

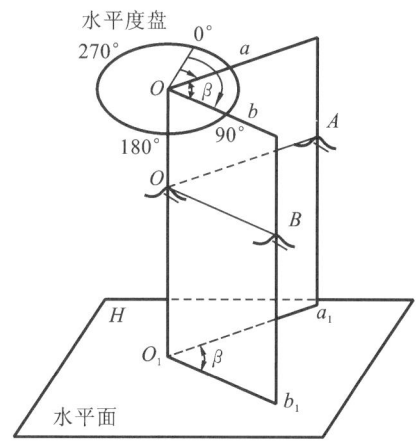

图 3-1　水平角观测原理

$$\beta = b - a$$

　　例如,b 读数为 $85°32'15''$,a 读数为 $19°30'07''$,则

$$\beta = b - a = 85°32'15'' - 19°30'07'' = 66°02'08''$$

　　由于经纬仪是 $360°$ 顺时针刻画的圆盘,当两目标方向刚好截到 $0°$ 两端时,其计算公式应稍作变动,如图 3-2 所示。

$$\beta = (b + 360°) - a$$

　　例如,b 读数为 $15°42'30''$,a 读数为 $320°30'15''$,则

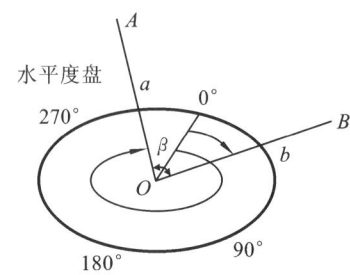

图 3-2 水平角计算公式

$$\beta=(b+360°)-a=(15°42'30''+360°)-320°30'15''=55°12'15''$$

3.2 光学经纬仪的构造

3.2.1 经纬仪的主要用途及分类

在工程建设中,经纬仪的应用非常广泛,其主要用途如下。

(1) 测量测设水平角。

(2) 测量测设竖直角。

(3) 测设坡度线、铅垂线。

(4) 测设点的位置、直线、曲线。

(5) 间接测量距离高差(视距测量)。

(6) 测绘地形图。

由于经纬仪使用的广泛性和重要性,因此我们必须熟练掌握它。

经纬仪按成像读数原理不同分为光学经纬仪和电子经纬仪。DJ2 代表测量一测回所得方向值的中误差不超过 $2''$。

3.2.2 DJ2 光学经纬仪的构造

如图 3-3 所示,DJ2 光学经纬仪由照准部、度盘和基座三部分组成。

3.2.3 经纬仪的主要轴线

如图 3-4 所示,经纬仪的主要轴线由以下四部分组成。

(1) 仪器竖轴 VV,照准部水平转动时所绕轴线,也称为纵轴。

(2) 望远镜视准轴 CC,十字丝交点与物镜光心的连线。

(3) 仪器横轴 HH,望远镜纵向转动所绕轴线,也称为水平轴。

(4) 照准部水准管轴 LL,过水准管零点 O 与水准管纵向圆弧的切线。

3.3 经纬仪的使用

经纬仪的使用包括对中、整平、照准、读数四步。

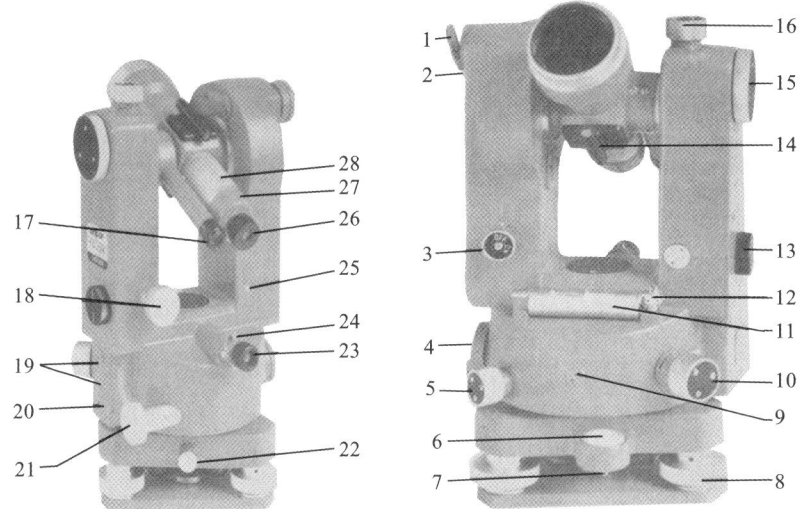

图 3-3 DJ2 光学经纬仪

1.垂直反光镜　2.指标差调整盖板　3.补偿器锁紧轮　4.水平反光镜　5.水平制动手轮　6.圆水泡
7.圆水泡调整钉　8.脚螺旋　9.水平盘堵盖　10.转盘手轮及扳把　11.长水准器　12.长水准器调整钉
13.换向手轮　14.粗瞄准器　15.测微器手轮　16.垂直制动手轮　17.读数镜管　18.垂直微动手轮
19.水平物镜堵盖　20.水平基底棱镜堵盖　21.水平微动手轮　22.基座锁紧轮　23.对点目镜
24.对点调整钉　25.垂直物镜调整盖板　26.望远镜目镜　27.分划板保护盖　28.望远镜调焦手轮

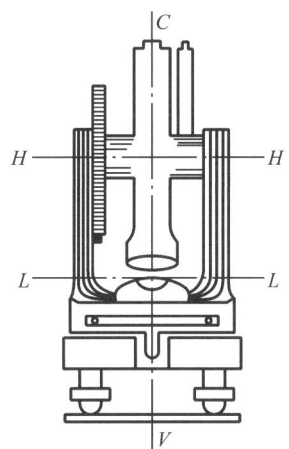

图 3-4 经纬仪的主要轴线

3.3.1 安置对中

1. 安置

松开脚架上三个连接螺旋,同时将脚架三条腿提升到适当高度(与胸同高),张开三脚架大致成等边三角形,放于测站上,从脚架连接螺旋往下看,能看到测站点,此时脚架大致对中。使架头大致水平,将经纬仪连接到脚架上。

2. 对中

①转动光学对中器目镜调焦螺旋,使分划板上指标圆圈清晰。

②推拉光学对中器,调节物镜调焦螺旋,使地面标志点成像清晰。

③先踩实一条脚架,双手抬起另外两脚架,以第一条脚架为支撑,左右前后摆动,眼睛同时观察光学对中器,当指标圆圈与地面标志点重合时,轻轻放下两脚架,踩实,此时完成对中。

3.3.2 整平

1. 粗平

伸缩调节脚架的三条架腿,使圆水准器气泡居中,此时,脚架不可再移动,只能伸缩,否则对对中影响很大。调节方式如图 3-5 所示,当气泡位于图(a)位置时,调节气泡与圆水准器零点连线近似平行的 3 号脚架,使气泡移动;当气泡移动到图(b)位置时,调节 2 号脚架,使气泡居中,如图 3-5(c)所示。

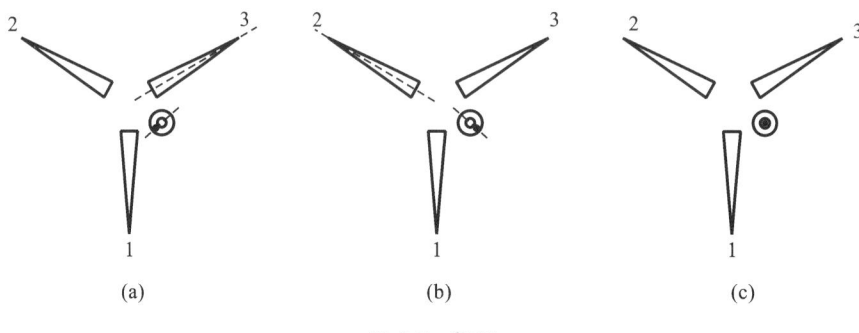

图 3-5　粗平

2. 精平

首先转动照准部,使照准部水准管平行于任意两个脚螺旋的连线方向,如图 3-6(a)所示。用左手大拇指法则(气泡移动的方向与左手大拇指方向相同),右手与左手同时向内调节,使气泡居中;然后旋转照准部 90°,调节第三个脚螺旋,使气泡居中,如图 3-6(b)所示。反复调节,直至水准管气泡在任意方向上都居中为止。

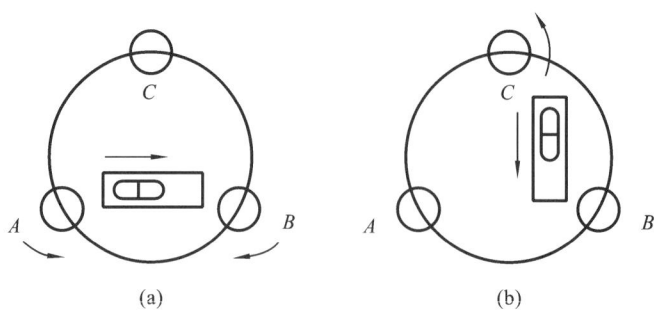

图 3-6　精平

3. 检查对中,再反复精平

精平完成后,对对中可能有一定影响,若影响不大(对中不超过 1 mm),不作调整,若超过 1 mm,应松开连接螺旋一小圈,在脚架上平推基座,使其完全对中为止。最后再检查水准管气泡是否居中,若不居中,应重复精平步骤。

3.3.3　照准

（1）目镜调焦:转动目镜调焦螺旋,使十字丝清晰,若视场较暗,可先照准背景明亮区域调节。

（2）粗瞄:利用三点一线原理,通过望远镜上的粗瞄器找准目标,然后拧紧水平和望远镜制动螺旋。

（3）物镜调焦:调节物镜调焦螺旋,使成像清晰,注意消除视差。

（4）精瞄:调节水平及望远镜微动螺旋,使十字丝精确照准目标。观测水平角用竖丝瞄准,观测竖直角用横丝瞄准。细小目标用双丝夹准,粗大目标用单丝平分,如图 3-7 所示。

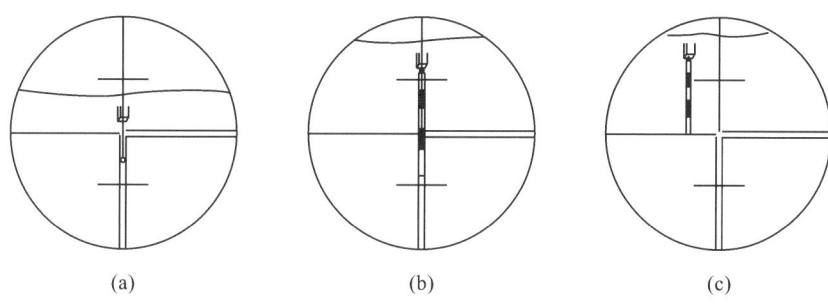

（a）　　　　　　　　　　（b）　　　　　　　　　　（c）

图 3-7　照准

（a）观测水平角,用竖丝照准。目标细小,用双丝夹准;

（b）观测水平角,用竖丝照准。目标粗大,用单丝平分;

（c）观测竖直角,用横丝切准

3.3.4　读数

读水平度盘读数步骤如下。

①调节换像手轮,使其处于水平度盘位置。

②打开水平度盘反光镜,调节其位置,使读数窗内光线均匀明亮。

③旋转读数显微镜调焦螺旋,使读数窗分划清晰,消除视差。

④调节测微手轮,使对径分划线重合,读数。

读竖直度盘读数步骤如下。

①调节换像手轮,使其处于竖直度盘位置。

②打开竖直度盘反光镜,调节其位置,使读数窗内光线均匀明亮。

③旋转读数显微镜调焦螺旋,使读数窗分划清晰,消除视差。

④打开竖盘指标水准管补偿器。

⑤调节测微手轮,使对径分划线重合,读数。

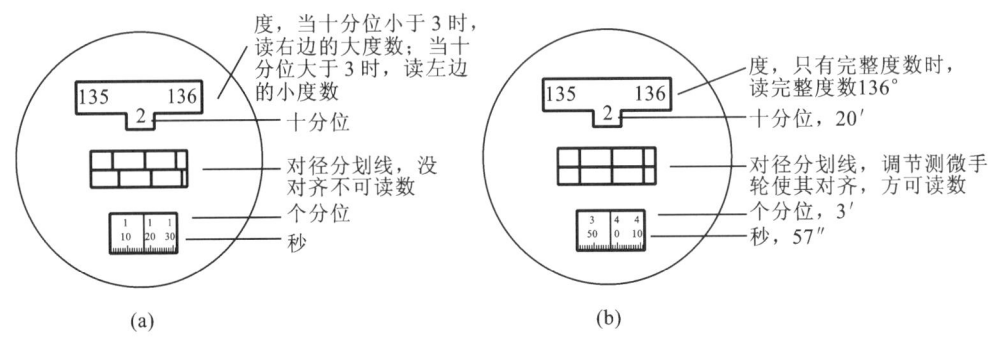

图 3-8　DJ2 读数

3.4　水平角测量

3.4.1　水平角测量的常用方法

水平角观测方法如表 3-1 所示。

表 3-1　水平角观测方法

方　　法	适　用　范　围	示　　意　　图
测回法	用于观测两个方向之间的单角,施工测量多采用测回法	
方向观测法	用于观测 3 个以上方向之间的夹角	

3.4.2　测回法测水平角

测回法测水平角的操作步骤如下。

①在 O 点安置经纬仪(全站仪),盘左位置(目镜端朝观测者时,竖盘位于望远镜左边)瞄准左目标 A 得读数 $a_左$($0°01'30''$),为了计算方便,将起始目标的读数调至 $0°00'$ 附近。将读数记录在表 3-2 中。

②松开照准部制动螺旋,瞄准右目标 B,得读数 $b_左$($87°09'12''$),则盘左位置所得上半测回角值为

$$\beta_{左}=b_{左}-a_{左}=87°09'12''-0°00'00''=87°09'12''$$

③竖直面内转动望远镜成盘右位置(竖盘在望远镜右边),再次瞄准右目标 B,得读数 $b_{右}$(267°09'18'')。

④盘右再次瞄准左目标 A,得读数 $a_{右}$(180°00'03''),则盘右位置所得下半测回角值为

$$\beta_{右}=b_{右}-a_{右}=267°09'18''-180°00'03''=87°09'15''$$

利用盘左、盘右两个位置观测水平角,可以抵消仪器误差对测角的影响,同时也可以检核观测中有无错误存在。对于 DJ$_2$ 级光学经纬仪,如果 $\beta_{左}$ 与 $\beta_{右}$ 的差值不超过 $\pm20''$,取上、下半测回角度平均值作为最后结果。若观测结果合格,取上、下半测回角度平均值作为一测回角值。即

$$一测回角值=\frac{1}{2}(\beta_{左}+\beta_{右})=\frac{1}{2}(87°09'12''+87°09'15'')=87°09'14''$$

在计算水平角值时,由于水平度盘刻画是顺时针方向注记,所以总是以右边方向(观测者面向角度张开方向)的读数减去左边方向读数。如发生不够减的情况,在右边方向读数上加 360°再减去左边方向读数。

在水平角观测中,当测角精度要求较高时,需要观测多个测回,为了减小度盘分划误差的影响,各测回间应按 $180°/n$ 的差值变换度盘起始位置,其中 n 为测回数。用 DJ$_2$ 光学经纬仪观测时,各测回间水平角值之差应不超过 $\pm20''$,取平均值作为各测回平均角值,如表 3-2 所示。

$$各测回平均角值\ \beta=\frac{1}{2}(\beta_{1}+\beta_{2})=\frac{1}{2}(87°09'14''+87°09'13'')\approx87°09'14''$$

表 3-2　测回法测角记录表

测站	测回	竖盘位置	目标	水平度盘读数/(° ′ ″)	半测回角值/(° ′ ″)	一测回角值/(° ′ ″)	各测回平均角值/(° ′ ″)	备注
O	第一测回	盘左	A	0　00　00	87　09　12	87　09　14	87　09　14	全站仪
			B	87　09　12				
		盘右	A	180　00　03	87　09　15			
			B	267　09　18				
	第二测回	盘左	A	90　00　00	87　09　14	87　09　13		
			B	177　09　14				
		盘右	A	270　00　04	87　09　12			
			B	357　09　16				

3.4.3　水平角施测要点

在施工测量中,由于施工现场环境复杂,故应在水平角观测中注意以下要点。

①仪器架设。仪器架设要安稳,三脚架插入土中要踩实,注意仪器上方有无掉落物,人不得离开仪器近旁,强光下要打伞。

②对中。对中要精确,边越短越要精确,一般不超过 1 mm。

③整平。观测过程中,不得调节水准管,水准管气泡不得偏离中央 1 格,否则应重新整

平,重测。

　　④竖立标志。标志要明显,立标时要竖直,边短时可直立红蓝铅笔,边长时用三脚架吊吊锤。

　　⑤照准。要用十字丝双丝夹准目标或用单丝平分目标,尽可能用十字丝交点瞄准目标,注意消除视差。

　　⑥读数。调节读数窗焦距,注意消除读数窗视差。DJ2 仪器应调节测微手轮,精确对齐对径分划线方可读数。

　　⑦记录计算。边观测,边记录,边计算,发现错误,立即重测。

3.5　竖直角测量

3.5.1　竖直角测量原理

　　同一铅垂面内,倾斜视线与水平视线的夹角,称为竖直角,通常用 α 表示,竖直角的取值范围为 $-90°\sim+90°$。如图 3-9 所示,当倾斜视线位于水平视线之上时,为仰角,符号为正;当倾斜视线位于水平视线之下时,为俯角,符号为负。

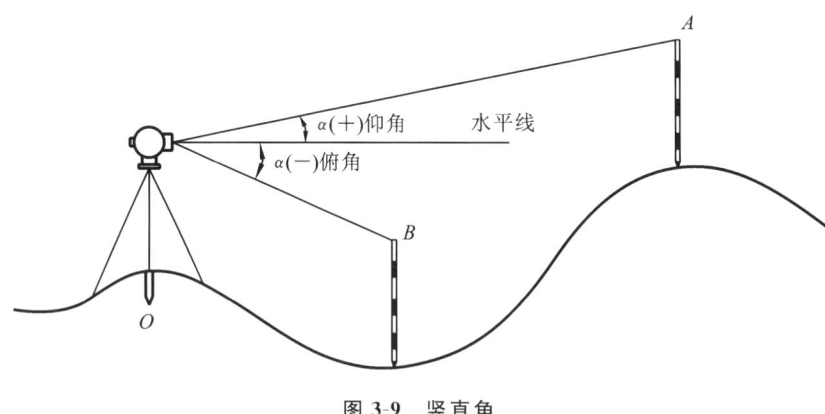

图 3-9　竖直角

　　竖直角与水平角一样,是两目标方向在度盘上的读数之差,所不同的是竖直角两方向线中其中一个是特殊方向,即水平方向。为了观测方便,当视线水平时,经纬仪的读数都设为一个常数(盘左 90°,盘右 270°),这样,在观测竖直角时,只需读取倾斜视线的读数,即可与常数求差得出竖直角。

　　例如,视线水平时读数为 90°,观察上仰目标的读数为 85°32′16″。则

$$竖直角\ \alpha = 90° - 85°32'16'' = +4°27'44''$$

3.5.2　竖盘构造

　　竖直度盘是竖直放置在望远镜旁边的 0°~360°圆盘,用来观测竖直角,其刻画根据仪器不同,有顺时针刻画和逆时针刻画两种,其主要构件有竖直度盘、望远镜、指标水准管和竖盘读数指标。如图 3-10 所示,当指标水准管气泡居中时,视准轴水平,此时竖盘指标指向一个常数(盘左 90°,盘右 270°)。

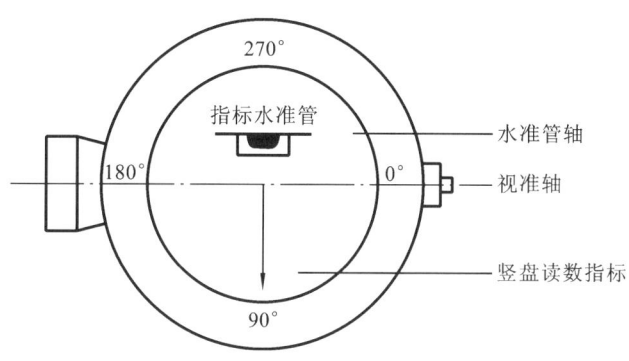

图 3-10 竖直度盘构造

3.5.3 竖直角计算公式

竖直角的计算公式,根据竖直度盘的刻画形式不同略有差异。

当竖盘顺时针刻画时,如图 3-11 所示。不管观测角是仰角还是俯角,其盘左、盘右的计算公式分别为

$$\alpha_{左} = 90° - L$$
$$\alpha_{右} = R - 270°$$

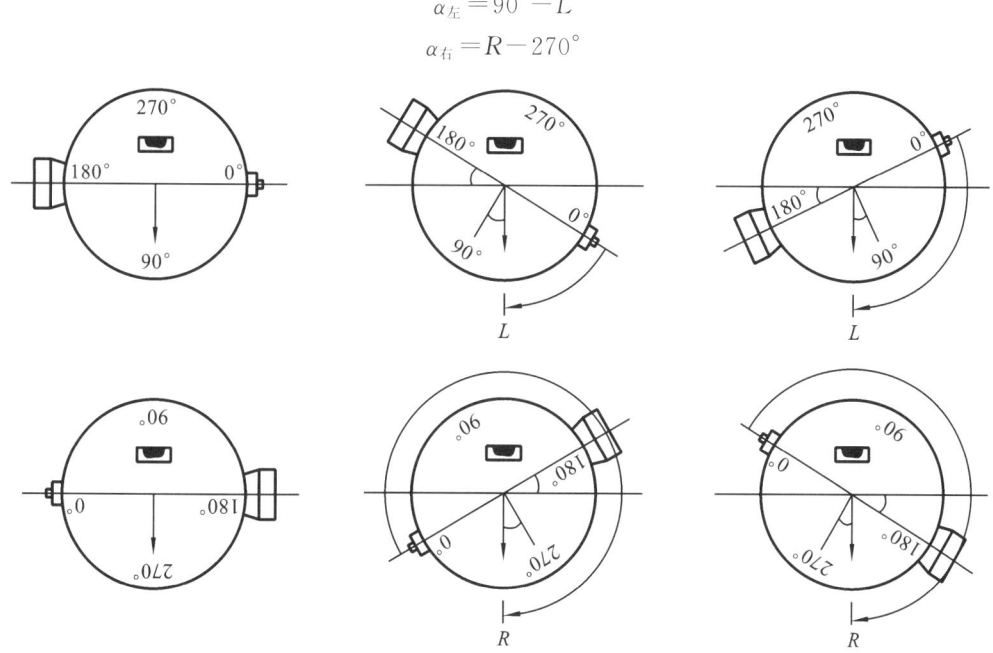

图 3-11 顺时针刻画竖直度盘读数

当竖盘逆时针刻画时,如图 3-12 所示。不管观测角是仰角还是俯角,其盘左、盘右的计算公式分别为

$$\alpha_{左} = L - 90°$$
$$\alpha_{右} = 270° - R$$

3.5.4 竖盘指标差

竖盘指标差是经纬仪在指标水准管气泡居中,且望远镜视线水平时,读数指标线与常数

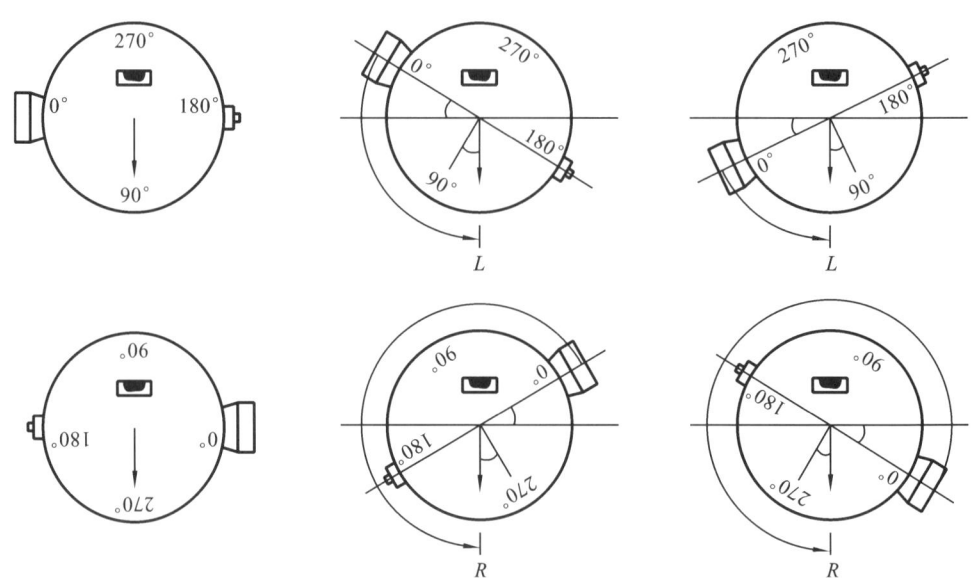

图 3-12 逆时针刻画竖直度盘读数

(90°或 270°)偏离的一个小角值,一般用 x 表示。

由于度盘偏心或指标水准管轴不垂直于指标线的影响,度盘读数存在指标差。检核方法是:将望远镜处于盘左位置,上下微动,找到读数 90°00′00″,此时将望远镜照准的远处目标做一标记;再倒转望远镜照准同一目标,此时若读数为 270°00′00″,说明指标差为 0,若偏离 270°,其偏移量为指标差的 2 倍,如图 3-13 所示。

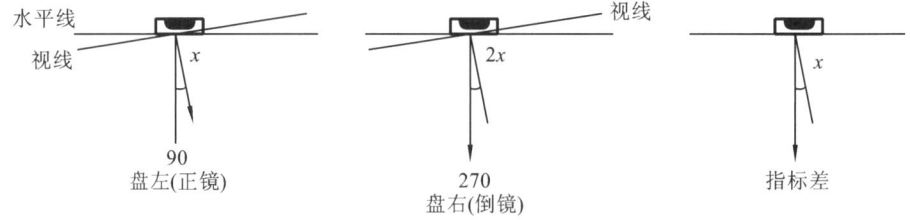

图 3-13 竖盘指标差

指标差的计算公式有两种形式,此处不做详细推导,公式如下:

度盘顺时针刻画 $$x=(\alpha_右-\alpha_左)/2$$

度盘逆时针刻画 $$x=(\alpha_左-\alpha_右)/2$$

度盘顺时针、逆时针刻画 $$x=(L+R-360°)/2$$

同一台仪器的指标差 x 为一个常数,属于系统误差。可以通过正倒镜取平均值的方法,将其消除。指标差不能太大,若其超过 $1'$,则应对指标水准管进行检校。

DJ2 经纬仪在度盘光路中安置有补偿器,其功能可取代指标水准管。当仪器在一定倾斜范围内,打开竖盘指标水准管补偿器,竖盘指标能自动归零,能读出相当于指标水准管气泡居中时的读数,其补偿范围一般为 $2'$。

3.5.5 竖直角观测方法

与水平角观测相同,竖直角观测也要采用正倒镜法,可消除多种仪器误差,观测步骤如下。

①仪器安置。

如图 3-9 所示,在测站 O 安置经纬仪,对中、整平,在目标点 A 竖立花杆。

②判断竖直角计算公式。

盘左位置上仰望远镜,观察读数,若比 90°小,用顺时针刻画计算公式;若比 90°大,用逆时针刻画计算公式。

③盘左观测。

以盘左位置照准目标,使十字丝横丝精确切准花杆顶端。打开指标水准管补偿器(DJ2),读取竖盘读数 L(86°44′45″)填入表 3-3。

表 3-3　竖直角观测记录表

测站	目标	竖盘位置	竖盘读数/(° ′ ″)			半测回角值/(° ′ ″)			指标差/(″)	一测回角值/(° ′ ″)			备　注
O	A	盘左	86	44	45	+3	15	15	+5	+3	15	20	DJ2 竖盘顺时针刻画
		盘右	273	15	25	+3	15	25					
	B	盘左	95	31	12	−5	31	12	−6	−5	31	18	
		盘右	264	28	36	−5	31	24					

$$\alpha_左=90°-L=90°-86°44′45″=+3°15′15″$$

④盘右观测。

将望远镜处于盘右位置,精确照准目标同一位置,读数 R(273°15′25″)。

$$\alpha_右=R-270°=273°15′25″-270°=+3°15′25″$$

⑤计算指标差与检核。

$$x_A=(\alpha_右-\alpha_左)/2=(3°15′25″-3°15′15″)/2=+5″$$

同理观测 B 目标得

$$x_B=[-5°31′24″-(-5°31′12″)]/2=-6″$$

同一台仪器指标差应该是一个固定值。而此处两目标指标差的差值为 11″,说明还存在其他观测误差。指标差可以通过正倒镜取平均值的方法加以消除,而其他观测误差无法通过该种方法消除,因此,指标差互差应严格控制。规范规定,竖直角观测时的指标差互差:DJ2 型经纬仪不得超过±15″。

⑥计算竖直角。

指标差互差在容许范围内时,取盘左、盘右平均值作为最后角值。以 A 点为例,则

$$\alpha=(\alpha_右+\alpha_左)/2=(3°15′15″+3°15′25″)/2=+3°15′20″$$

3.6　经纬仪的检验、校正与保养维修

3.6.1　光学经纬仪的检定周期及检定项目

根据《光学经纬仪》(JJG 414—2011)规定,光学经纬仪的检定项目为 15 项,见表 3-4,检定周期一般不超过一年。

表 3-4 经纬仪检定项目表

序 号	检 定 项 目	检 定 类 别		
		首次检定	后续检定	使用中检定
1	外观及各部件功能相互作用	＋	＋	＋
2	水准管与竖轴的垂直度	＋	＋	＋
3	照准部旋转正确性	＋	＋	－
4	望远镜分划板竖线的铅垂度	＋	＋	＋
5	光学测微器(带尺显微镜)行差	＋	＋	－
6	光学测微器隙动差	＋	＋	－
7	视准轴与横轴的垂直度	＋	＋	－
8	横轴与竖轴的垂直度	＋	＋	－
9	竖盘指标差	＋	＋	－
10	望远镜调焦运行误差	＋	－	－
11	照准部偏心差和水平度盘偏心差	＋	－	－
12	光学对中器视准轴与竖轴的同轴度	＋	＋	－
13	竖盘指标自动补偿误差	＋	＋	－
14	一测回水平方向标准偏差	＋	＋	＋
15	一测回竖直角标准偏差	＋	＋	－

注：检定类别中"＋"为须检项目，"－"为可不检项目，根据送检单位需要确定。

3.6.2 经纬仪检校的主要项目

经纬仪检校的主要项目有：照准部水准管轴垂直于竖轴的检校；望远镜视准轴垂直于横轴的检校；横轴垂直于竖轴的检校；十字丝的竖丝垂直于横轴的检校；竖盘指标差的检校；光学对中器视准轴与竖轴重合的检校；圆水准器轴垂直于竖轴的校正。

1. 照准部水准管轴垂直于竖轴的检校（$LL \perp VV$）

目的：满足条件 $LL \perp VV$，水准管气泡居中时，竖轴应铅直，水平度盘应水平。

检验。

①将仪器大致整平，转动照准部使水准管与两个脚螺连线平行。

②转动脚螺旋使水准管气泡居中，此时水准管轴水平。

③将照准部旋转 180°，若气泡仍然居中，表明条件满足；若气泡不居中，则需进行校正。

校正。

①用拨针拨动水准管校正螺钉，使气泡退回偏离值的一半。（注意先放松一个螺钉，再旋紧另一个）。

②转动与水准管平行的两个脚螺旋，使气泡居中，此时水准管轴处于水平位置，竖轴处于铅直位置，即 $LL \perp VV$。

③此项检验校正需反复进行，直至照准部旋转到任何位置，气泡偏离最大不超过半格时为止。

2. 望远镜视准轴垂直于横轴的检校（$CC \perp HH$）

目的：满足条件 $CC \perp HH$，使望远镜视准轴绕横轴旋转时扫出的面是一竖直平面而不是圆锥面。

检验。

①选择一平坦场地,在 A、B 两点(相距约 100 m)的中点 O 安置仪器,在 A 点竖立一标志,在 B 点横放一根水准尺或毫米分划尺,使其尽可能与视线 OA 垂直,且与仪器大致同高。

②用盘左位置照准 A 点,固定照准部,然后纵转望远镜成盘右位置,在 B 尺上读数,得 B_1。

③再用盘右位置照准 A 点,固定照准部,纵望远镜成盘左位置,在 B 尺上读数,得 B_2。若 B_1、B_2 两点重合,表明条件满足;否则应校正。

视准轴不垂直于横轴而相差一个角度 C,称为视准误差。B_1 反映了盘左 $2C$ 误差,B_2 反映了盘右 $2C$ 误差,B_1、B_2 共有 $4C$ 误差。

校正步骤如下。

①如图 3-14 所示,由 B_2 点向 B 点量取 $B_1B_2/4$ 的长度,定出 B_3 点。

②用校正针拨动图 3-15 中左右两个校正螺钉,使十字丝交点与 B_3 点重合,此时,视准轴垂直于横轴。

③此项检验校正需反复进行,直至满足条件为止。若还有残留误差,观测时可用盘左、盘右观测取平均值将其消除。

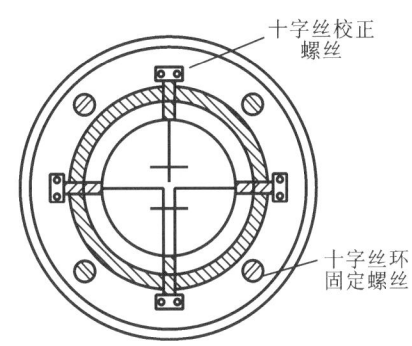

图 3-14　视准轴的检验

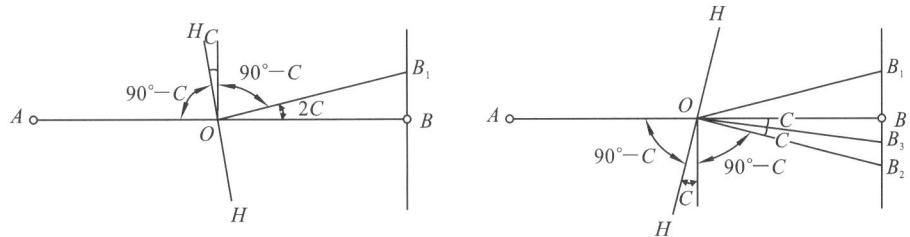

图 3-15　视准轴垂直于横轴的校正

3. 横轴垂直于竖轴的检校($HH \perp VV$)

目的:满足条件 $HH \perp VV$,使视准轴绕横轴旋转时扫出的面是一铅垂面而不是倾斜面。

检验步骤如下。

①如图 3-16 所示,在离墙 20～30 m 处安置经纬仪。

②盘左瞄准高处一点 P(仰角 $>30°$),旋紧照准部制动螺旋。然后,将望远镜放至大致水平位置,用十字丝交点在墙上定出一点 P_1。

③倒镜,用盘右位置再瞄准高处 P 点,同法在墙上又定得一点 P_2;如果 P_1、P_2 两点重

合,说明条件满足;若不重合,则需要校正。

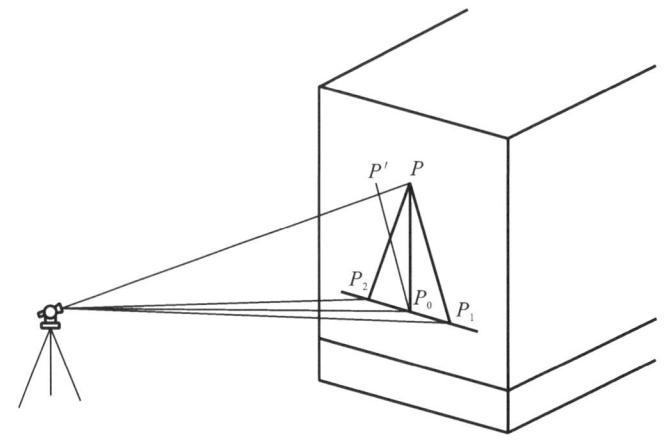

图 3-16 横轴垂直于竖轴的检校

校正步骤如下。

①取 P_1、P_2 的中点 P_0,将十字丝交点对准 P_0,固定照准部,然后抬高望远镜至 P 点附近。

②此时,十字丝交点偏离 P 点,而位于 P' 处。打开仪器没有竖盘一侧的盖板,拨动横轴一端的偏心轴承,使横轴一端升高或降低,直到十字丝交点照准 P 点为止,最后合上盖板。

③近代光学经纬仪的横轴是密封的,一般能满足要求,测量人员只需进行检验,校正则由仪器检修人员进行。

④如图 3-16 所示,不难看出用盘左、盘右观测同一目标时,横轴误差大小相等,方向相反。因此,此项误差也可用盘左、盘右观测取平均值的方法消除。

4. 十字丝的竖丝垂直于横轴的检校

目的:满足竖丝⊥横轴。

检验步骤如下。

①整平仪器,用竖丝任意一端照准远处一清晰点状目标 N。

②固定照准部和望远镜,将望远镜上下微动,如该点始终不离开竖丝,则说明竖丝垂直于横轴,如图 3-17(a)、(b)所示;否则,应进行校正,如图 3-17(c)所示。

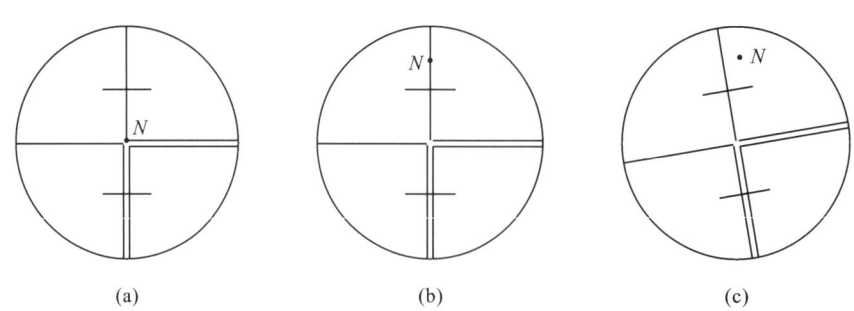

(a)   (b)   (c)

图 3-17 十字丝竖丝垂直于横轴的检验

校正步骤如下。

①卸下目镜处的十字丝护盖,如图 3-17 所示。

②松开四个十字丝压环螺钉,微微转动十字丝分划板座,使竖丝与 N 点重合,直到望远镜上下微动时,该点始终在竖丝上为止。

③旋紧四个十字丝压环螺钉,装上十字丝护盖。

5. 竖盘指标差的检校

目的:满足指标差为 0,当指标水准管气泡居中时,指针处于正确位置。

检验步骤如下。

①仪器整平后,用横丝盘左、盘右瞄准同一目标,在竖盘指标水准管气泡居中时分别读取盘左、盘右读数 L、R。

②计算出指标差 x。DJ2 经纬仪一般设有指标水准管补偿器,其补偿范围在 $2'$。

校正步骤如下。

①计算盘右的正确读数:无论盘左还是盘右的正确读数都应等于读得的竖盘读数减去指标差,即盘右的正确读数 $R_{正}=R-x$。

②在盘右位置转动竖盘指标水准管微动螺旋,使竖盘读数对准正确读数 $R_{正}$。此时,指标水准管气泡不再居中。

③拨动指标水准管的校正螺丝,使气泡居中即可。此项检验也应反复进行,直到满足 x 的绝对值≤30″为止。

6. 光学对中器视准轴与竖轴重合的检校

目的:使光学对中器的视准轴与仪器竖轴重合。

检验步骤如下。

①在平坦的地面上严格整平仪器,在脚架的中央地面上固定一张白纸。对中器调焦,将刻画圆圈中心投影于白纸上得 P_1。

②转动照准部 180°,得刻画圆圈中心投影 P_2。若 P_1 与 P_2 重合,则条件满足;否则,需校正。

校正步骤如下。

①取 P_1、P_2 的中点 P,校正直角棱镜或分划板,使刻画圆圈中心对准 P 点。校正直角棱镜法,如图 3-18 所示,松开对中器上方小圆盖的中心螺钉,取下盖板,可见两个圆柱头螺钉和一个小平顶螺钉。校正这三个螺钉,可使刻画圆圈中心对准 P 点。

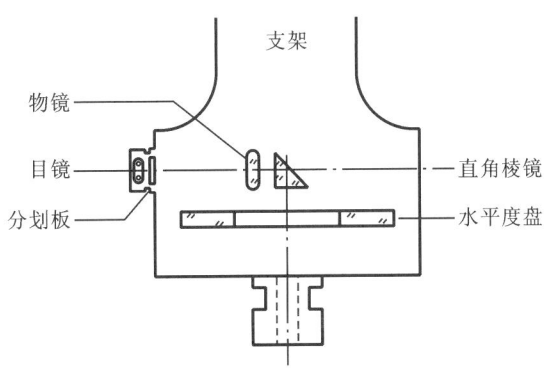

图 3-18　光学对中器的检校

②重复检验校正的步骤,直到照准部旋转 180°后对中器刻画圆圈中心与地面点偏差不

超过 0.5 mm 为止。

7. 圆水准器轴垂直于竖轴的校正

检校方法可参见水准仪圆水准器的校正。

3.6.3 经纬仪的保养

参见水准仪的保养。注意四防两护,仪器出入箱、迁站和存放的工作。

3.7 水平角测量误差及注意事项

水平角观测的误差来源于仪器误差、观测误差和外界条件误差的影响三个方面。在作业过程中,应根据误差产生的原因,采取相应措施,尽量消除或减弱其影响。

3.7.1 仪器误差

①由于仪器加工装配不完善而引起的误差,如度盘偏心误差,度盘刻画不均匀误差。

处理:度盘偏心误差可通过盘左、盘右观测取平均值来削弱,度盘刻画不均匀误差可通过多个测回,改变度盘读数位置来减弱它的影响。

②由于仪器检校不完善而引起的误差,如视准轴不垂直于横轴,横轴不垂直于竖轴等。

处理:可采用盘左、盘右观测取平均值来消除或削弱。

3.7.2 观测误差

①对中误差。对中误差是指仪器中心偏离测站中心的距离,称为偏心距。偏心距越大,则测角误差越大。

处理:对中误差应满足相应规范的规定,一般不超过 1 mm,若观测边较短时,更要严格对中。

②整平误差。仪器整平误差是指安置仪器时没有将其严格整平,以致仪器竖轴不竖直,水平度盘不水平的误差。

处理:水准管气泡不得偏离一格以上,若偏离一格以上,应在下一测回开始之前重新整平仪器。测回间不得整平仪器。

③目标偏心误差。目标偏心误差是指目标倾斜或目标没有准确安放在地面标识中心,偏差的大小称为偏心距,偏心距越大,测角误差就越大。

处理:测角时,应使观测目标中心与地面标志中心在一条铅垂线上,观测时,尽量瞄准标杆底部。

④照准误差。影响望远镜照准的因素主要有人眼的分辨率,望远镜放大倍率,目标的形状、颜色、大小等。

处理:选择合适的经纬仪,合适的标志,合适的观测时间,照准时应注意消除视差。

⑤读数误差。读数误差取决于读数设备,照明情况和观测者的经验。

处理:使用反光镜调节好进光情况,调节读数显微镜目镜,使成像清晰。

3.7.3 外界条件影响

松软的土质影响仪器稳定,温度变化影响仪器整平,大气透明度影响照准精度等。

处理:安置仪器时三脚架要踩实,晴天观测时要打伞,观测视线应避免从建筑物旁、冒烟的烟囱上面和靠近水面的空间通过,这些地方都会因局部气温变化而使光线产生不规则的折光。

【思考题与习题】

1. 什么叫水平角? 其取值范围是多少? 水平角的观测原理是什么?

2. 观测水平角时,为什么要对中、整平?

3. 简述水平角的观测方法及步骤。测多个测回时,为何要变换度盘每个测回的起始位置? 如何变换?

4. 什么叫竖直角? 其取值范围是多少? 符号有什么含义? 观测竖直角时,竖盘指标水准管气泡为什么一定要居中?

5. 简述竖直角的观测方法及步骤,如何判断竖直角的计算公式?

6. 什么叫指标差? 计算指标差对竖直角精度的评定起什么作用?

7. 经纬仪有哪些轴线? 各轴线应满足哪些几何条件? 如何进行检验校正?

8. 光学经纬仪在盘左、盘右观测中可以消除哪些误差的影响?

9. 水平角观测中,哪些操作会产生偶然误差? 哪些操作会产生系统误差? 哪些操作会造成错误甚至返工?

10. 试计算表 3-5 的水平角观测值。判断观测结果是否满足精度要求,若不满足,应怎样处理。第三测回,观测了两次。

表 3-5 水平角观测记录

测站	测回	竖盘位置	目标	水平度盘读数/(° ′ ″)	半测回角值/(° ′ ″)	一测回角值/(° ′ ″)	各测回平均角值/(° ′ ″)	备 注
O	第一测回	左	A	0　01　33				仪器为DJ2经纬仪
			B	65　08　10				
		右	A	180　01　41				
			B	245　08　35				
	第二测回	左	A	60　04　09				
			B	125　10　47				
		右	A	240　04　52				
			B	305　11　39				
	第三测回	左	A	120　03　18				
			B	185　11　21				
		右	A	300　03　45				
			B	05　11　06				
	第三测回	左	A	120　03　18				
			B	185　11　07				
		右	A	300　03　45				
			B	05　10　16				

项目四 距 离 测 量

1. 掌握经纬仪定线,钢尺量距的操作及计算方法;
2. 掌握钢尺的尺长方程式,了解钢尺检定的方法;
3. 掌握坐标方位角的定义,会进行坐标方位角与象限角的换算,会推导直线的坐标方位角;
4. 了解全站仪的构造,掌握全站仪进行距离、角度和坐标的测量。

距离测量是测量的基本工作之一。测量学中的距离通常指两点间的水平距离,即地面上的两点垂直投影到水平面上的直线距离。常用的距离测量方法有钢尺量距、视距测量和电磁波测距。建筑施工中常用钢尺量距和电磁波测距。测量中除了测量两点间的水平距离,还应表示直线与标准方向之间的角度关系,即直线定向,直线的方向常用方位角和象限角表示。测量工作中根据已知方向和各边之间的水平夹角推算未知边的坐标方位角。

本项目主要介绍钢尺量距、钢尺检定、直线定向、全站仪的构造及使用。

4.1 钢尺量距

4.1.1 钢尺量距的工具

钢尺丈量的工具包括钢尺、标杆、测钎和锤球等。

图 4-1 钢尺

钢尺又称钢卷尺,是用薄钢片制成的带状尺,卷放在金属架上或金属圆盒内,如图 4-1 所示。钢尺宽 10~15 mm,尺的长度有 15 m、30 m、50 m 等几种,尺的基本分化为毫米,每米、分米、厘米处均有数字注记。根据尺上零点位置的不同,钢尺分为端点尺和刻线尺,端点尺以尺的拉环外沿作为尺的零点,刻线尺以尺前端的第一条刻线作为尺的零点,如图 4-2 所示。

钢尺的抗拉强度高,不易拉伸,但其性脆易折,易生锈,使用中应注意防潮,避免扭折和车压。

标杆也称花杆,常用木料或铝合金材料制作,直径约 3 cm,长度有 2 m、3 m 等几种,杆上每隔 20 cm 涂以红、白相间的色段,标杆的底部装有尖头铁脚,便于插入地面,如图 4-3 所示。标杆常用于标定直线的方向。

测钎常用直径为 3~6 mm 的钢筋制作,上端弯成小圆圈,下端磨成尖角,长度为 30~40 cm,如图 4-4 所示。测钎常用于标定尺段的起终点位置和记取整尺段数。

锤球是用金属制作的重物,通常用细绳悬吊铅锤,铅锤自由静止后,细绳和铅锤尖即在

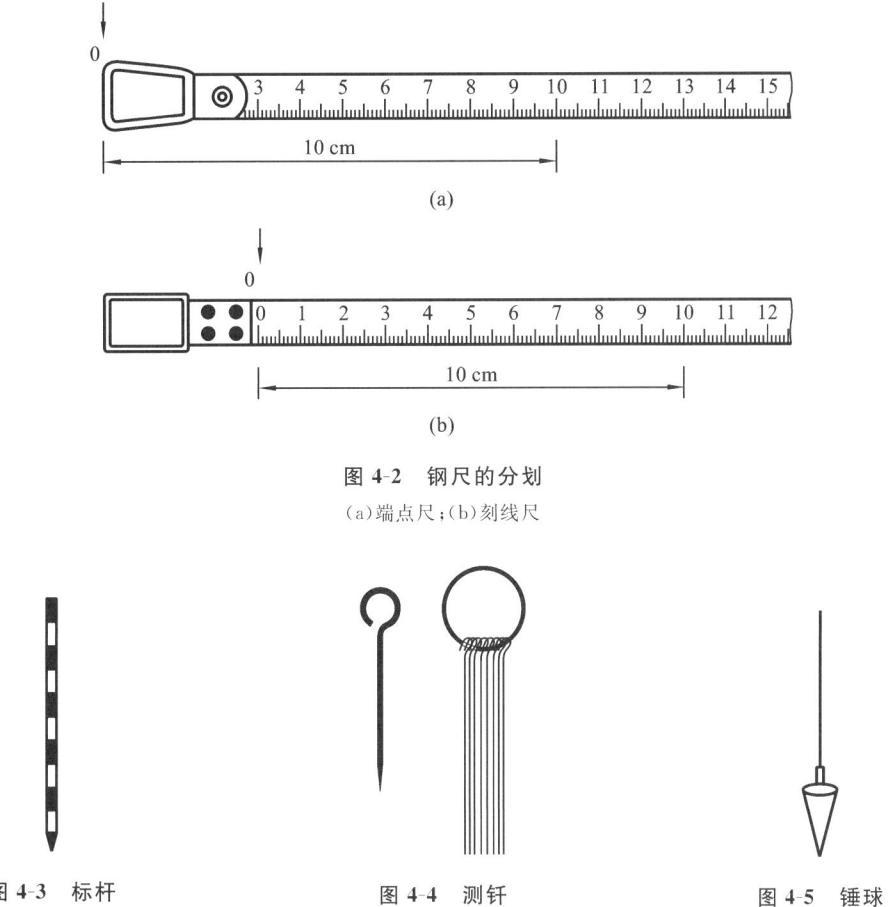

图 4-2　钢尺的分划

(a)端点尺；(b)刻线尺

图 4-3　标杆　　　　图 4-4　测钎　　　　图 4-5　锤球

同一铅垂线上,如图 4-5 所示。在钢尺量距中,锤球主要用于丈量倾斜地面时的投点定位。

4.1.2　直线定线

使用钢尺量距时,当地面上两点的距离超过钢尺全长,或者地面起伏较大时,要在直线的方向上标定一些分段点,将全长分成几个等于或小于钢尺全长的分段,以便分段连续测量,此项工作称为直线定线。直线定线分为目估定线和经纬仪定线,目估定线的精度较低,当精度要求较高时,常采用经纬仪定线。

1) 目估定线

目估定线方法如图 4-6 所示。要测量直线 AB 的水平距离,可在直线的两端点 A、B 分别竖立标杆,甲站在 A 点标杆后 1~2 m 处,由 A 点目估瞄准 B 点,并指挥持杆者乙将标杆左右移动,使三根标杆的同一侧位于同一条视线上,然后乙将标杆竖直插入地面,定出 1 点。同法定出直线上的其他各点。定点一般由远到近进行,定出的相邻点间距离应小于钢尺的整尺段长度。

2) 经纬仪定线

经纬仪定线如图 4-7 所示。要测量直线 AB 的水平距离,可在 B 点竖立标杆,在 A 点安置经纬仪,对中、整平后,用望远镜中十字丝竖丝精确瞄准 B 点,并固定照准部制动螺旋,然后用望远镜向下俯视,指挥另一测量员将测钎按十字丝纵丝位置插入地面,即可定出分段点

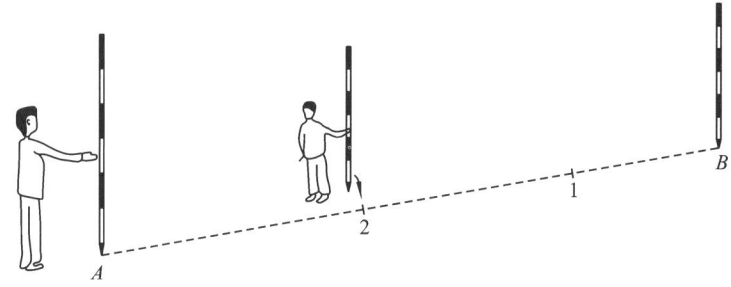

图 4-6 目估定线方法

1 点位置,同法可定出其他各分段点。

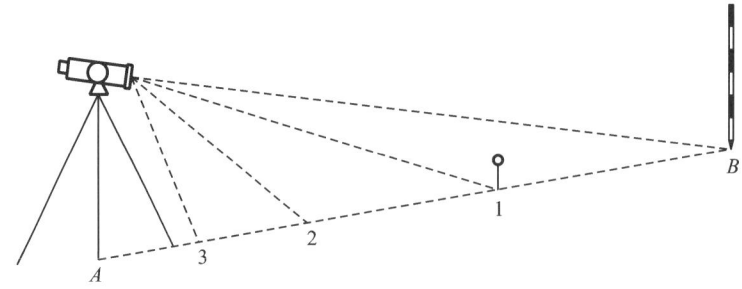

图 4-7 经纬仪定线

4.1.3 钢尺量距的一般方法

1. 平坦地面丈量的方法

平坦地面的量距通常是边定线、边量距,从起点到终点依次量出若干个整尺段和不足一整尺段的余长,则直线的水平距离按以下公式进行计算:

$$D = n \times l + q$$

式中 n——丈量整尺段数;

l——钢尺的整尺长度,m;

q——不足一整尺的余长,m。

为了防止测量错误和检核量距的精度,通常要往、返各丈量一次。从终点到起点按相同方法进行返测,返测需要重新定线。钢尺量距的精度常用相对误差 K 来表示,即

$$K = \frac{|D_{往} - D_{返}|}{D_{平均}} = \frac{1}{\dfrac{D_{平均}}{|D_{往} - D_{返}|}}$$

式中,$D_{平均} = \dfrac{D_{往} + D_{返}}{2}$。

通常,钢尺量距的相对误差不应超过 1/3000;在量距困难地区,相对误差不应超过 1/1000。如果量距的相对误差满足精度要求,则取往测、返测距离的平均值作为最终的丈量结果;否则应查找原因并重测。

[**例 4-1**] 用 30 m 钢尺丈量直线 AB 的水平距离,往测和返测均测了 4 个整尺段,往测的余长为 18.235 m,返测的余长为 18.273 m,试计算直线 AB 的水平距离,并分析量距的精度。

解
$$D_{AB往} = 4 \times 30 + 18.235 = 138.235(\text{m})$$

$$D_{AB返}=4\times30+18.273=138.273(\mathrm{m})$$

$$D_{AB平均}=\frac{1}{2}(D_{AB往}+D_{AB返})=\frac{1}{2}(138.235+138.273)=138.254(\mathrm{m})$$

$$K=\frac{|D_{AB往}-D_{AB返}|}{D_{AB平均}}=\frac{|138.235-138.273|}{138.254}=\frac{0.038}{138.254}\approx\frac{1}{3600}$$

由计算可知,钢尺丈量的相对误差 $K<1/3000$,满足精度要求,直线 AB 的水平距离应取平均值 138.254 m。

2. 倾斜地面丈量的方法

倾斜地面的量距方法有平量法和斜量法。

①平量法。

在倾斜地面量距,当尺子两端点的高差变化不大时,可将钢尺拉平丈量。如图 4-8 所示,由 A 点丈量至 B 点,后尺手将钢尺的零点对准 A 点,前尺手沿 AB 方向拉尺,将尺子抬高,目估使尺子水平,在某整数刻线处挂一锤球,锤球尖投影于地面处插以测钎,可标记出 1 点,同理得到 2,3,4 点,最后将各尺段的距离相加即得直线 AB 的水平距离。丈量时仍需进行往返测量,往测和返测均由高处向低处丈量。

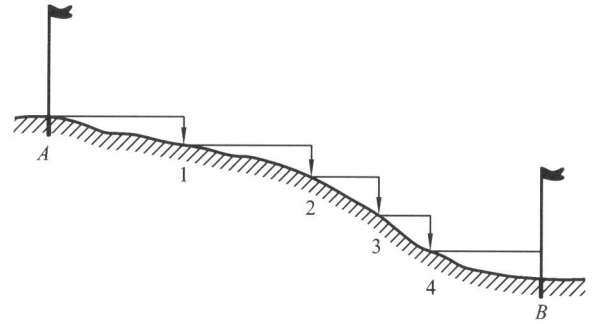

图 4-8　平量法

②斜量法。

如图 4-9 所示,倾斜地面的坡度比较均匀,可沿斜面丈量出 AB 间的倾斜距离 L,测出地面的倾斜角度 α,A、B 两点的高差 h,按以下公式计算出直线 AB 的水平距离 D。

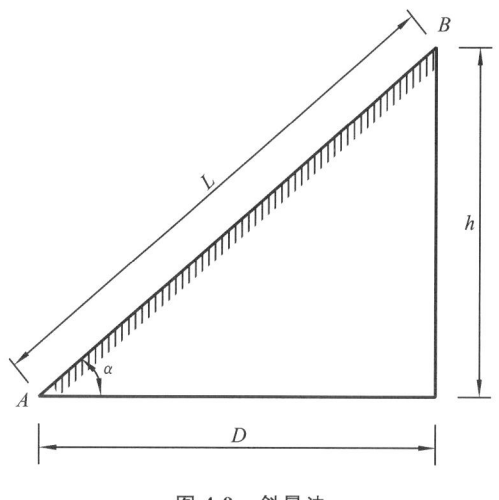

图 4-9　斜量法

$$D=L\cos\alpha$$
$$D=\sqrt{L^2-h^2}$$

4.1.4 钢尺量距的误差来源及注意事项

钢尺量距精度的影响因素较多,主要有定线误差、钢尺尺长误差、拉力误差、温度误差、钢尺对准误差及读数误差。因此,在钢尺量距过程中应采取适当措施,提高量距的精度。

(1)定线误差。若定线出现偏差,丈量的距离是起点、终点间的折线距离,丈量结果偏大。因此,在丈量时应精确定线,拉尺时应使钢尺边缘紧贴定向点。

(2)钢尺尺长误差。在丈量前应将钢尺交有关部门进行检定。由于钢尺的尺长误差与丈量的距离成正比,具有积累性,所以,在精密丈量时一定要考虑钢尺的尺长改正数。

(3)拉力误差。钢尺量距时应施加与检定时相同的标准拉力。对于精密量距,应使用弹簧秤确保拉力符合要求,而在一般的量距中,应保证拉力均匀,尺身平稳。

(4)温度误差。钢尺的长度受温度的变化产生热胀冷缩,在精密量距时必须进行温度改正,所测的温度应是钢尺表面的温度而不是环境温度。在一般方法量距中,最好也进行温度改正。

(5)钢尺对准误差。主要表现为:钢尺未精确对准点位;对同一点位,前尺手和后尺手对准位置不一致;测钎倾斜引起的对准误差等。因此,在量距时,前尺手和后尺手应配合好,对点应细致认真。

(6)读数误差。读数时应细心,避免读错或读颠倒。

4.2 钢尺检定

4.2.1 钢尺的尺长方程式

钢尺制作过程中的刻画误差、使用过程中的变形、丈量过程中拉力与温度的影响等因素,造成钢尺尺面注记的名义长度与钢尺实际长度不相等。因此,精密量距前,应对钢尺进行检定,给出钢尺的尺长方程式,以便对丈量结果进行改正。在标准拉力下(30 m钢尺的标准拉力为100N,50 m钢尺的标准拉力为150N),钢尺的实际长度受温度影响而变化的函数关系,称为钢尺的尺长方程式,其一般形式为

$$l_t=l_0+\Delta l+\alpha\times l_0\times(T-T_0)$$

式中 l_t——温度为 T 时钢尺的实际长度,m;

l_0——钢尺的名义长度,m;

Δl——检定温度下,钢尺整尺段的尺长改正数,m;

α——钢尺的膨胀系数,一般取值为 $\alpha=1.25\times10^{-5}/℃$;

T——钢尺使用时的温度,℃;

T_0——钢尺检定时的温度,℃。

通常钢尺在出厂时已进行了检定,但在长时间使用后,应重新进行检定,确定出尺长方程式,检定应送交具有测绘仪器计量监督检定资质的专业部门完成。

4.2.2 钢尺检定

可将待检定钢尺与已知尺长方程式的标准钢尺进行比较来检定钢尺。通常选择一平坦

地面,将标准钢尺与待检定钢尺并排放于地面,均施加标准拉力,把两根钢尺的末端对齐,在零分划处读出两根钢尺的差数 Δ,若待检定钢尺长于标准钢尺 Δ 取正,反之取负,最后根据标准钢尺的尺长方程式来确定待检定钢尺的尺长方程式。

[例 4-2] 已知标准钢尺的尺长方程式为

$$l_{t标}=30\ \text{m}+0.006\ \text{m}+1.25\times10^{-5}/\text{℃}\times(t-20\ \text{℃})\times30\ \text{m}$$

待检定钢尺的名义长度为 30 m,在施加标准压力,两根钢尺的末端对齐后,待检定钢尺的零分划对准标准钢尺的 0.004 m 处,即两尺的差数 Δ 为 -0.004 m,试确定待检定钢尺的尺长方程式。

解　由题意可知

$$l_{t检}=l_{t标}-0.004\ \text{m}$$

将标准钢尺的尺长方程式代入上式,可得

$$l_{t检}=30\ \text{m}+0.006\ \text{m}+1.25\times10^{-5}/\text{℃}\times(t-20\ \text{℃})\times30\ \text{m}-0.004\ \text{m}$$

则待检定钢尺的尺长方程式为

$$l_{t检}=30\ \text{m}+0.002\ \text{m}+1.25\times10^{-5}/\text{℃}\times(t-20\ \text{℃})\times30\ \text{m}$$

4.3　直线定向

为了确定地面两点在平面上的位置关系,除了测量两点间的水平距离,还要确定该直线的方向,即确定一条直线与标准方向之间的水平角度关系,这项工作称为直线定向。

4.3.1　标准方向

标准方向也称基准方向,有以下三种:真子午线方向、磁子午线方向和坐标纵轴方向,简称真北方向、磁北方向和坐标北方向,即三北方向,如图 4-10 所示。

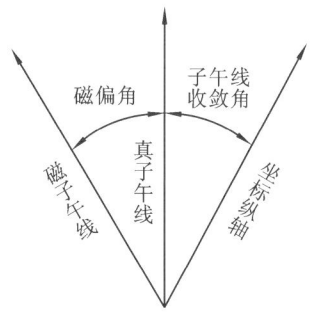

图 4-10　三北方向

1. 真子午线方向

通过地面上一点及地球南北极的平面与地球表面的交线称为真子午线,过地球表面某点的真子午线切线方向称为该点的真子午线方向,它是通过天文测量或者采用陀螺经纬仪测定的。

2. 磁子午线方向

磁针在地球磁场作用下,自由静止时其轴线所指方向称为该点的磁子午线方向,通常用罗盘仪测定。

由于地球的两极与地磁的两极不重合,因此,通过地面上某一点的真子午线方向与磁子午线方向也不重合,两者之间的夹角称为磁偏角,用 δ 表示。磁北方向偏向真北方向以东称为东偏,磁偏角 δ 为正值;磁北方向偏向真北方向以西称为西偏,磁偏角 δ 为负值。

3. 坐标纵轴方向

我国采用高斯平面直角坐标系,以 3°带或 6°带中央子午线的投影作为坐标纵轴,坐标系中,过任一点与坐标纵轴平行的方向即为该点的坐标纵轴方向。坐标纵轴北端所指方向即为该点的坐标北方向。

地面上某点的真子午线北方向与坐标纵轴北方向之间的夹角,称为子午线收敛角,用 γ 表示。若某点的坐标纵轴北方向偏向真子午线北方向的东侧,称为东偏, γ 取正值;若某点的坐标纵轴北方向偏向真子午线北方向的西侧,称为西偏, γ 取负值。

4.3.2 方位角和象限角

直线的方向常用方位角和象限角来表示。

1. 方位角

从标准方向的北端起,顺时针旋转至某条直线的水平夹角,称为该直线的方位角,方位角的取值范围是 0°～360°。因标准方向不同,对应的方位角有三种:以真子午线方向为标准方向的方位角称为真方位角,通常用 A 表示;以磁子午线方向为标准方向的方位角称为磁方位角,通常用 A_m 表示;以坐标北方向为标准方向的方位角称为坐标方位角,通常用 α 表示。

2. 象限角

从坐标纵轴的北端或南端起,顺时针或逆时针转至某条直线的水平夹角,称为该直线的象限角,通常用 R 表示,象限角的取值范围是 0°～90°。使用象限角定向时,不仅要表示角度的大小,还要注明直线所在象限的名称,即北东、南东、北西、南西方向,如图 4-11 所示。

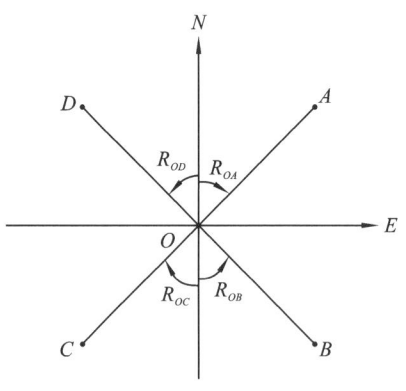

图 4-11 象限角

3. 坐标方位角和象限角之间的关系

坐标方位角和象限角都可以描述直线的方向,二者有一一对应的关系,其换算关系见表 4-1。

表 4-1　坐标方位角和象限角之间的换算关系

象限编号	象限名称	坐标方位角范围	由坐标方位角求象限角	由象限角求坐标方位角
Ⅰ	北东(NE)	$0°\sim90°$	$R=\alpha$	$\alpha=R$
Ⅱ	南东(SE)	$90°\sim180°$	$R=180°-\alpha$	$\alpha=180°-R$
Ⅲ	南西(SW)	$180°\sim270°$	$R=\alpha-180°$	$\alpha=180°+R$
Ⅳ	北西(NW)	$270°\sim360°$	$R=360°-\alpha$	$\alpha=360°-R$

4.3.3　正、反坐标方位角

在测量工作中,要考虑直线的方向性。如图 4-12 所示,假设从 A 点到 B 点是直线的前进方向,过 A 点和 B 点分别作坐标纵轴的平行线,则将直线 AB 的坐标方位角 α_{AB} 称为该直线的正坐标方位角;将直线 BA 的坐标方位角 α_{BA} 称为该直线的反坐标方位角,正、反坐标方位角的概念是相对的。显然,一条直线的正、反坐标方位角互差 $180°$,即

$$\alpha_{BA}=\alpha_{AB}\pm180°$$

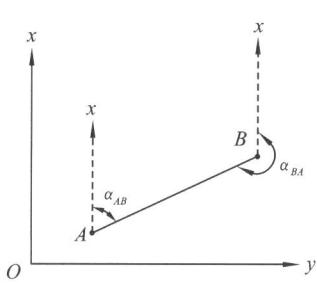

图 4-12　正、反坐标方位角

4.3.4　坐标方位角推算

在实际测量工作中,并不是直接测定每条边的坐标方位角,而是与已知坐标方位角的直线连测,并测出各边之间的水平夹角,然后根据已知边的坐标方位角,推算出其他未知边的坐标方位角。

如图 4-13 所示,已知 AB 边的坐标方位角 α_{AB},相邻边的水平夹角 β_B、β_C 由观测得到,称为转折角。通常,在线路前进方向左侧的转折角称为左角,用 $\beta_{左}$ 表示;在线路前进方向右侧的转折角称为右角,用 $\beta_{右}$ 表示。由图中可得

$$\alpha_{BC}=\alpha_{AB}+180°-\beta_B$$
$$\alpha_{CD}=\alpha_{BC}+180°+\beta_C$$

通过归纳,可得坐标方位角推算的一般公式为

$$\alpha_{前}=\alpha_{后}+180°+\beta_{左}$$

或

$$\alpha_{前}=\alpha_{后}+180°-\beta_{右}$$

$\alpha_{前}$ 表示沿线路前进方向前一个边的坐标方位角,$\alpha_{后}$ 表示与其相邻的后一个边的坐标方位角,前一条直线的起点是后一条直线的终点。通常,如果计算出的 $\alpha_{前}>360°$,推算出的坐标方位角应减 $360°$ 才是最终结果;如果计算出的 $\alpha_{前}<0°$,推算出的坐标方位角应加 $360°$ 才是最终结果,总之,应保证 $\alpha_{前}$ 在 $0°\sim360°$。

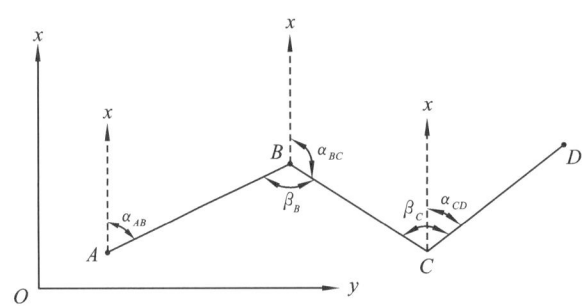

图 4-13　坐标方位角的推算

[例 4-3]　如图 4-13 所示,已知 $\alpha_{AB}=66°15'26''$, $\beta_B=130°29'35''$, $\beta_C=150°42'52''$,求直线 BC、CD 的坐标方位角和象限角。

解　由题意可知

$$\alpha_{BC}=\alpha_{AB}+180°-\beta_B=66°15'26''+180°-130°29'35''=115°45'51''$$

$$\alpha_{CD}=\alpha_{BC}+180°+\beta_C=115°45'51''+180°+150°42'52''=86°28'43''$$

由象限角和坐标方位角的关系可知

$$R_{BC}=180°-\alpha_{BC}=180°-115°45'51''=64°14'09''$$

$$R_{CD}=\alpha_{CD}=86°28'43''$$

4.4　全站仪的构造及使用

全站仪,即全站型电子速测仪,是集测角、测距和常用测量软件功能于一体的数字化数据采集设备。全站仪不仅能实现水平角、竖直角、水平距离、斜距、高差、坐标等信息的观测、显示及存储,而且能完成施工放线、后方交会、对边测量、悬高测量、面积测量等专业测量工作;通过全站仪的通信接口,用户可实现仪器与计算机的双向数据通信。全站仪具有高效、方便、可靠等特点,广泛应用于工程测量、控制测量、地形测量、变形观测等测量工作中。

4.4.1　全站仪的构造

1. 全站仪的主要部件

全站仪的种类较多,目前常见的有瑞士徕卡公司的 TPS 系列和 TCA 测量机器人系列,日本拓普康公司的 800A、GPT 系列,日本尼康公司的 DTM 系列,日本索佳公司的 SET 系列,中国南方 NTS 系列等。各品牌的全站仪,其外形大致相同,与光学经纬仪相似,由照准部、基座和度盘三大部件构成。全站仪及其主要附件及数据采集设备如图 4-14 所示。

2. 拓普康 GTS-100N 系列全站仪简介

GTS-100N 系列全站仪是拓普康公司推出的普及型全站仪,包括 GTS-102N 和 GTS-105N 两款型号,具有较大容量的内存和丰富的内置测量程序。GTS-100N 系列全站仪的基本技术指标见表 4-2。

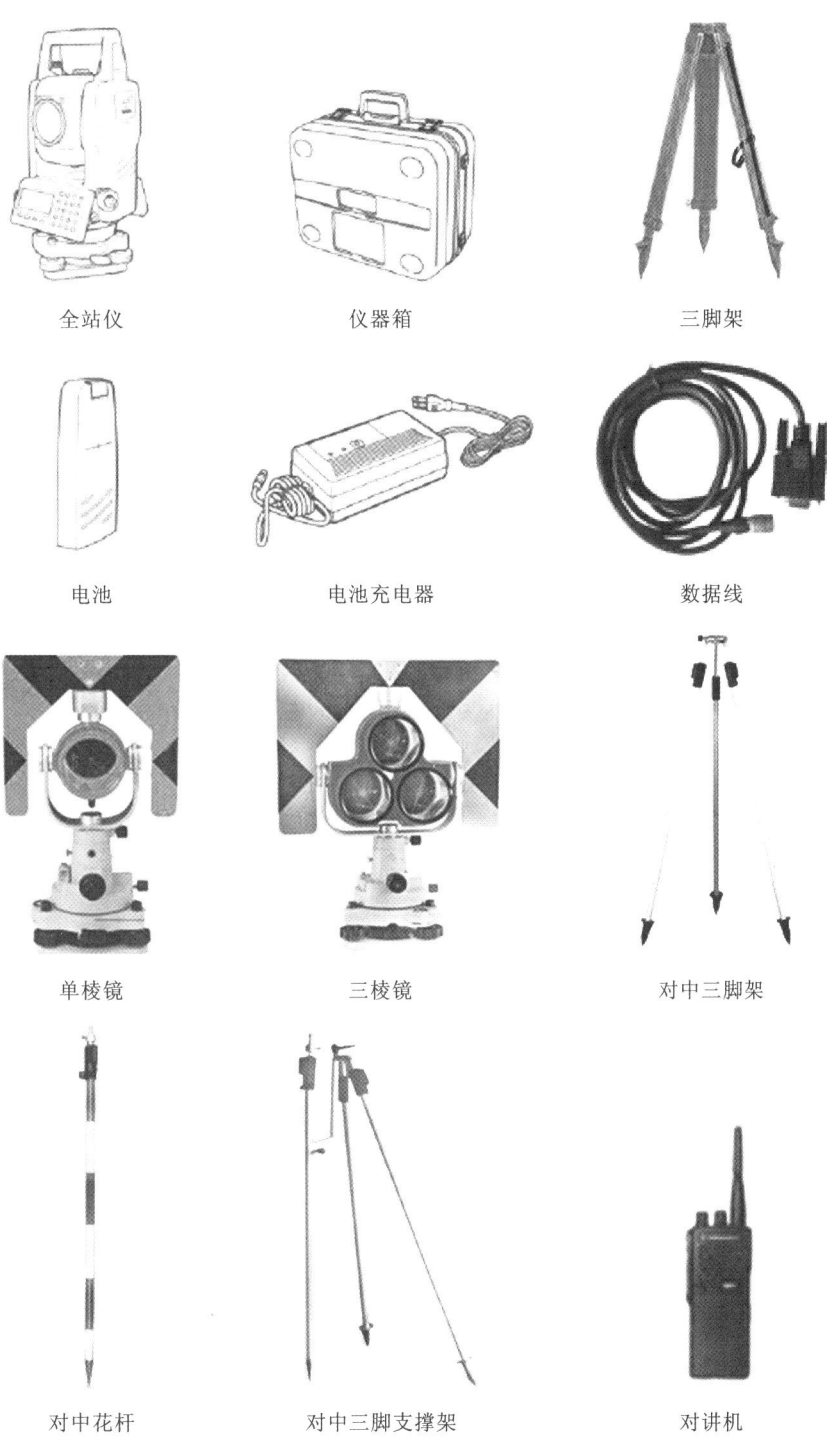

全站仪　　　　　　　　仪器箱　　　　　　　　三脚架

电池　　　　　　　　电池充电器　　　　　　　数据线

单棱镜　　　　　　　　三棱镜　　　　　　　对中三脚架

对中花杆　　　　　对中三脚支撑架　　　　　　对讲机

图 4-14　全站仪及其主要附件、数据采集设备

表 4-2　GTS-100N 系列全站仪的基本技术指标

仪器类型	GTS-102N/GTS-105N	仪器类型	GTS-102N/GTS-105N
望远镜	望远镜长度:150 mm;物镜孔径:45 mm(EDM:50 mm);放大倍率:30×;成像:正像;视场角:1°30′;分辨率:3.0″;最短视距:1.3 m	光学对中器	成像:正像;放大倍率:3×;调焦范围:0.5 倍～∞;视场角:5°
距离测量	单棱镜:2000 m;三棱镜:2700 m;测距精度:±(2 mm+2×10⁻⁶×D)	耐用性	防水防尘等级:IP54;工作温度:−20～+50 ℃。
测距时间	精测模式:约 1.2 秒(初测:约 4 秒);粗测模式:约 0.7 秒(初测:约 3 秒);跟踪模式:约 0.4 秒(初测:约 3 秒);气象改正:有;棱镜常数改正:有;两差改正:有	电源	内置电池:TBB-2,电压7.2 V,容量 2300 毫安时(Ni-MH);充电器:TBC-2;连续测距测角时间:10 小时;连续测距时间:45 小时
角度测量	测角精度:GTS-102N,2″;GTS-105N,5″;测角方式:绝对法读数;最小读数:1″/5″;度盘直径:71 mm	其他	仪器尺寸:336 mm(高)×184 mm(长)×172 mm(宽);重量(含电池):4.9 kg;仪器箱重量:3.4 kg;仪器箱高度:176 mm;通信接口:标准 RS-232C;微动装置:单速
显示器、角度补偿装置、水准器灵敏度、存储容量	显示器:双面;角度补偿装置的补偿方式:液体式;补偿范围:±3′;长水准器灵敏度:30″/2 mm;圆水准器灵敏度:10′/2 mm;存储容量:数据采集 24000 点,坐标24000 点	功能	数据采集、放样、新点设置、SD/VD/HD、 N/E/Z、 HL、HR/V、V%、H 倍角测量、REM(悬高测量)、MLM(对边测量)、水平角测量、水平角HO 设置、水平角保持、视准偏差校正、打标桩、测站点设定、90°蜂鸣提示、道路测设

①全站仪各部件名称。

GTS-102N 型全站仪各部件名称如图 4-15 所示。

②显示屏。

a. 显示屏。通常前三行显示测量数据,底行显示按键功能,它随测量模式的不同而变化。

b. 对比度与照明。利用星键(★)可调整显示屏的对比度和屏幕背景照明亮度。

GTS-102N 型全站仪的显示屏示例图如图 4-16 所示。

c. 显示符号及其含义。

常见显示符号及其含义见表 4-3。

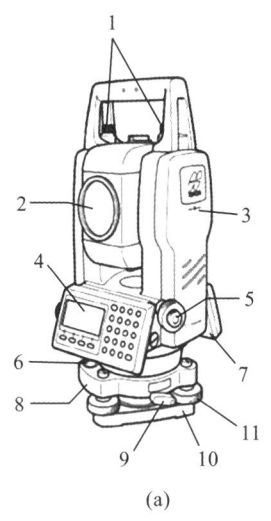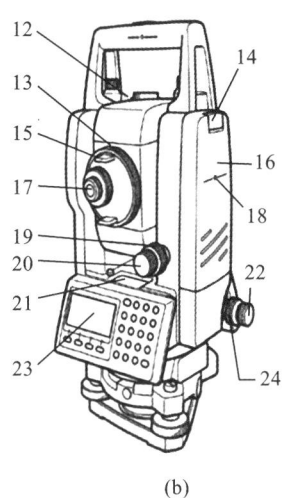

(a) (b)

图 4-15　GTS-102N 型全站仪

(a)前视图;(b)后视图

1—提手固定螺旋;2—物镜;3—仪器中心标志;4—显示屏;5—光学对中器;6—圆水准器;7—串行信号接口

8—圆水准器校正螺旋;9—基座固定钮;10—底板;11—整平脚螺旋;12—粗瞄准器;13—望远镜调焦螺旋

14—电池锁紧杆;15—望远镜把手;16—机载电池;17—目镜;18—仪器中心标志;19—垂直制动螺旋

20—垂直微动螺旋;21—管水准器;22—水平微动螺旋;23—显示屏;24—水平制动螺旋

(a) (b)

垂直角(V):　78° 45′ 51″ 　　水平角(HR):　120° 36′ 23″
水平角(HR):　120° 36′ 23″ 　　水平距离(HD): 0.151m
　　　　　　　　　　　　　　　　高差(VD):　　0.030m

图 4-16　仪器显示屏示例图

(a)角度测量模式;(b)距离测量模式

表 4-3　常见显示符号及其含义

显示符号	含　义	显示符号	含　义
V	垂直角(坡度显示)	N	北向坐标
HR	水平角(右角)	E	东向坐标
HL	水平角(左角)	Z	高程
HD	水平距离	*	EDM(电子测距)正在进行
VD	高差	m	以米为单位
SD	倾斜距离	f	以英尺为单位

③操作键。

仪器操作键盘界面如图 4-17 所示。操作键符号、名称及功能如表 4-4 所示。

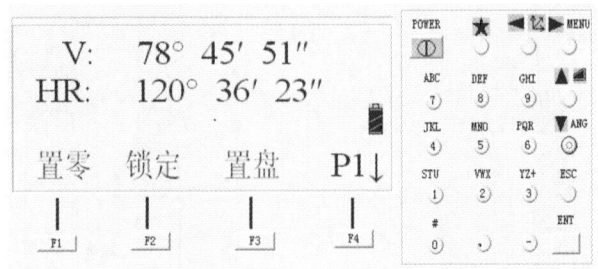

图 4-17　操作键盘界面

表 4-4　操作键符号、名称及功能

操作键	名　称	功　能
POWER	电源键	电源开关
★	星键	星键模式用于设置或显示下列项目： 　　a.显示屏幕对比度;b.十字丝照明;c.背景光;d.倾斜改正;e.定线点指示器(仅适用于有定线点指示器类型);f.设置音响模式
MENU	菜单键	在菜单模式和正常测量模式之间切换,在菜单模式下可设置应用测量与照明调节、仪器系统误差改正
⊾	坐标测量键	坐标测量模式
◢	距离测量键	距离测量模式
ANG	角度测量键	角度测量模式
ESC	退出键	a.返回测量模式或上一层模式; b.从正常测量模式直接进入数据采集模式或放样模式; c.作为正常测量模式下的记录键
ENT	确认输入键	在输入值末尾按此键
F1—F4	软键(功能键)	对应于显示的软键功能信息

④软键(功能键)。

显示屏幕的最底行通常显示各功能键的提示信息,具体功能说明如表 4-5 所示。

表 4-5　不同测量模式下功能键的含义

角度测量模式	距离测量模式	坐标测量模式
V:　　　　90° 10′ 20″ HR:　　　120° 30′ 40″ 置零　锁定　置盘　P1↓ 倾斜　复测　V%　P2↓ H-蜂鸣 R/L　竖角　P3↓	HR:　　　120° 30′ 40″ HR*[r]　　　　　<<m VD:　　　　　　　m 测量　模式　S/A　P1↓ 偏心　放样　m/f/i P2↓	N:　　　　133.425m E:　　　　35.258m Z:　　　　78.512m 测量　模式　S/A　P1↓ 镜高　仪高　测站　P2↓ 偏心　——　m/f/i P3↓

续表

角度测量模式

页　数	软　　键	显示符号	功　　能
1	F1	置零	水平角置为 $0°00'00''$
	F2	锁定	水平角读数锁定
	F3	置盘	通过键盘输入数字设置水平角
	F4	P1↓	显示第2页软键功能
2	F1	倾斜	设置倾斜改正开或关,若开,则显示倾斜改正值
	F2	复测	角度重复测量模式
	F3	V	垂直角百分比坡度(%)显示
	F4	P2↓	显示第3页软键功能
3	F1	H-蜂鸣	设置仪器每转动水平角90°是否要发出蜂鸣声
	F2	R/L	水平角右/左计数方向的转换
	F3	竖角	垂直角显示格式(高度角/天顶距)的切换
	F4	P3↓	显示第1页软键功能

距离测量模式

页　数	软　　键	显示符号	功　　能
1	F1	测量	启动测量
	F2	模式	设置测距模式:精测/粗测/跟踪
	F3	S/A	设置音响模式
	F4	P1↓	显示第2页软键功能
2	F1	偏心	偏心测量模式
	F2	放样	放样测量模式
	F3	m/f/i	米、英尺、英寸单位的变换
	F4	P2↓	显示第1页软键功能

坐标测量模式

页　数	软　　键	显示符号	功　　能
1	F1	测量	开始测量
	F2	模式	设置测量模式:精测/粗测/跟踪
	F3	S/A	设置音响模式
	F4	P1↓	显示第2页软键功能
2	F1	镜高	输入棱镜高
	F2	仪高	输入仪器高
	F3	测站	输入测站点(仪器站)坐标
	F4	P2↓	显示第3页软键功能
3	F1	偏心	偏心测量模式
	F3	m/f/i	米、英尺、英寸单位的变换
	F4	P3↓	显示第1页软键功能

⑤星键(★键)模式。

星键(★键)用于查看和设置仪器的若干操作选项。按下★键后,弹出如图 4-18 所示的界面,各符号对应的功能键和功能如表 4-6 所示。

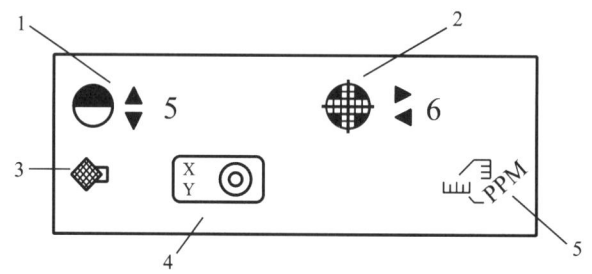

图 4-18　星键(★键)模式界面

1—调节对比度;2—调节十字丝照明亮度;3—显示屏背景光开关

4—设置倾斜改正;5—显示 EDM 回光信号强度、PPM 和棱镜改正值

表 4-6　星键模式界面的功能键及其功能

功能键	显示符号	功　　能
F1	◈	显示屏背景光开关
F2	X Y ◎	设置倾斜改正,若设置为开,则显示倾斜改正值
F3	●●	定线点指示器开关(仅适用于有定线点指示器类型)
F4	⌇PPM	显示 EDM 回光信号强度(信号)、大气改正值(PPM)和棱镜常数值(棱镜)
▲或▼	◐▲▼	调节显示屏对比度(0～9 级)
◀或▶	⊕▶▼	调节十字丝照明亮度(1～9 级) 十字丝照明开关和显示屏背景光开关是连通的

⑥主菜单。

主菜单第一页、第二页、第三页分别如图 4-19、图 4-20 和图 4-21 所示。

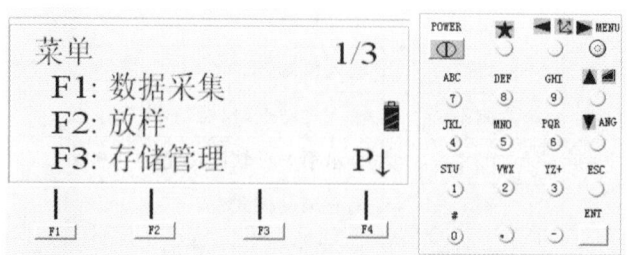

图 4-19　主菜单第一页界面

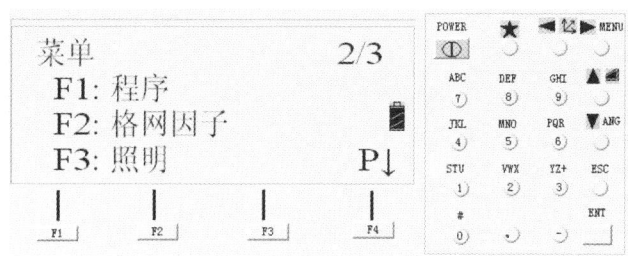

图 4-20 主菜单第二页界面

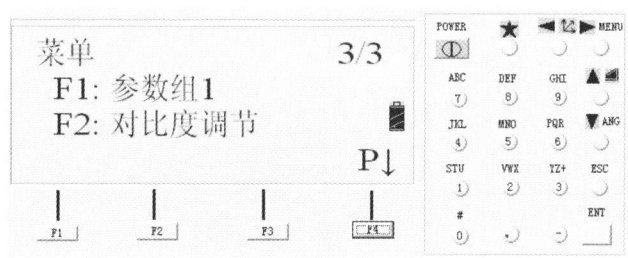

图 4-21 主菜单第三页界面

4.4.2 全站仪的使用

1. GTS-100N 型全站仪采集数据的操作步骤

GTS-100N 型全站仪可将测量数据存储在仪器的内存中。内存中的数据文件划分为测量数据文件和坐标数据文件两类,存储的文件数可达 30 个。

测量数据文件用于存储野外采集的原始测量数据,坐标数据文件一般用于存储控制点以及待放样点数据。坐标数据文件可通过数据传输线从计算机传输到全站仪的内存中,也可以通过手工键入的方法输入全站仪并存储到其内存文件中。

按下[MENU]键,仪器进入主菜单 1/3 模式,按[F1](数据采集)键,显示数据采集菜单 1/2,其他操作步骤如图 4-22 所示。

①数据采集前的准备工作。

数据采集前的准备工作主要包括数据采集文件的选择,坐标文件的选择和测站点与后视点信息输入等步骤。

a. 数据采集文件的选择。在数据采集前,应先选择一个数据文件,用来存储原始的测量坐标数据。在启动数据采集模式之前即出现选择文件显示屏,用户可调用一个已有的文件或者输入文件名创建一个新的文件。文件的选择也可在该模式下的数据采集菜单中进行。选择数据文件的操作步骤见表 4-7。

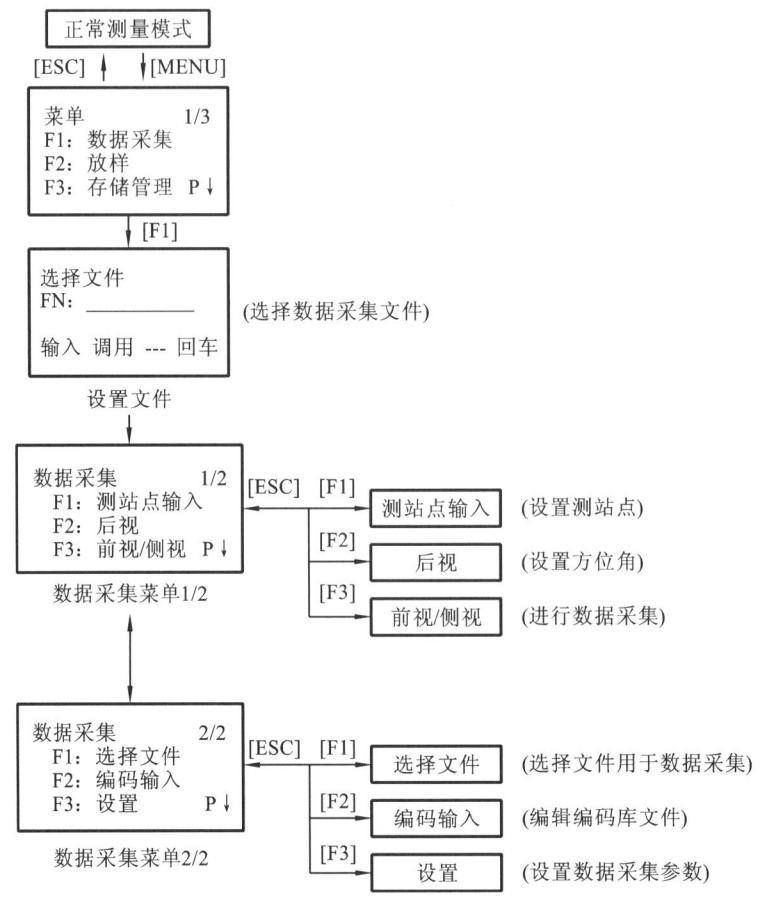

图 4-22 数据采集菜单操作流程

表 4-7 选择数据采集文件的操作过程

操 作 过 程	按 键	显 示
1.由主菜单 1/3 按[F1](数据采集)键	[F1]	菜单 1/3 F1:数据采集 F2:放样 F3:存储管理 P↓
2.按[F2](调用)键,显示文件目录[1]	[F2]	选择文件 FN: _____ 输入 调用 --- 回车 AMIDATA /M0123 →●HILDATA /M0345 TOPDATA /M0789 --- 查找 --- 回车

续表

操 作 过 程	按 键	显 示
3.按［▲］或［▼］键使文件表向上下移动，选定一个文件*2,*3	▲或▼	TOPDATA /M0789 →*RAPDATA /M0345 SATDATA /M0789 --- 查找 --- 回车
4.按［F4］，文件即被确认，此时显示数据采集菜单1/2	［F4］	数据采集 1/2 F1: 测站点输入 F2: 后视 F3: 前视/侧视 P↓ 数据采集 2/2 F1: 选择文件 F2: 编码输入 F3: 设置 P↓

说明：

*1.如果要创建一个新文件，并直接输入文件名，可按［F1］（输入）键，然后键入文件名；

2.如果菜单文件已被选定，则在该文件名的左边显示一个符号""；

*3.按［F2］（查找）键可查看箭头所标定文件的数据内容；选择文件也可由数据采集菜单2/2按上述方法进行。

b. 坐标文件的选择（供数据采集用）。在数据采集时，若需要调用坐标数据文件中的坐标作为测站点或后视点坐标，则应首先由数据采集菜单2/2选择一个坐标文件，操作步骤见表4-8。

表4-8 选择坐标数据文件的操作过程

操 作 过 程	按 键	显 示
1.由数据采集菜单2/2按［F1］（选择文件）键	［F1］	数据采集 2/2 F1: 选择文件 F2: 编码输入 F3: 设置 P↓
2.按［F2］（坐标数据）键	［F2］	选择文件 F1: 测量数据 F2: 坐标数据
3.按"数据采集文件的选择"中介绍的方法选择一个坐标数据文件		选择文件 FN: _____ 输入 调用 --- 回车

c. 测站点与后视点。测站点与定向角在数据采集模式和正常坐标测量模式中是相互通用的，可以在数据采集模式下输入或改变测站点和定向角数值。测站点坐标可按以下方法设定：利用内存中的坐标数据文件来设定或直接由键盘输入。

后视点定向角可按以下三种方法设定:利用内存中的坐标数据文件来设定,直接键入后视点坐标或设置的定向角。

采用内存中的坐标数据文件设置测站点的操作步骤见表 4-9。

表 4-9 采用坐标数据文件设置测站点的操作步骤

操 作 过 程	按 键	显 示
1.由数据采集菜单 1/2 按[F1](测站点输入)键,即显示原有数据	[F1]	点号 →PT-01　　　2/2 标识符: 仪高:　　　0.000m 输入　查找　记录　测站
2.按[F4](测站)键	[F4]	测站点 点号:PT-01 输入　调用　坐标　回车
3.按[F1](输入)键	[F1]	测站点 点号:PT-01 ---　---　[CLR] [ENT]
4.输入 PT-11,按[F4](ENT)键	输入 PT-11 [F4]	点号:→PT-11 标识符: 仪高:　　　0.000m 输入　查找　记录　测站
5.输入标识符,仪高[*1,*2]	输入标识符,仪高	点号:→PT-11 标识符: 仪高→　　　1.335m 输入　查找　记录　测站 - - - - - - - - - - >记录?　　[是]　[否]
6.按[F3](记录)键	[F3]	
7.按[F3](是)键,显示屏返回数据采集菜单 1/2	[F3]	数据采集　　　　1/2 　F1:测站点输入 　F2:后视 　F3:前视/侧视　　P↓

说明:

*1.标识符可通过输入编码库中登记号数的方法输入,为了显示编码库文件内容,可以按[F2](查找)键;

*2.如果不需要输入仪器高,则可按[F3](记录)键;

在数据采集中存入的数据有点号、标识符和仪高;

如果在内存中找不到给定的点,则显示屏上显示"点号不存在"的提示信息。

以下通过输入点号设置后视点,将后视定向角数据寄存在仪器内,便于以后用来计算方位角和坐标,操作步骤见表 4-10。

表 4-10　设置方向角的操作过程

操作过程	按键	显示
1.由数据采集菜单 1/2 按[F2](后视)键,即显示原有数据	[F2]	后视点→ 编码: 镜高:　　　　　0.000m 输入　置零　测量　后视
2.按[F4](后视)键*1	[F4]	后视 点号: 输入　调用　NE/AZ　回车
3.按[F1](输入)键	[F1]	后视 点号= ---　--　[CLR]　[ENT]
4.输入 PT-22,按[F4](ENT)键,按同样方法,输入点编码、反射镜高*2	输入点号 [F4]	后视点→PT-22 编码: 镜高:　　　　　1.230m 输入　置零　测量　后视
5.按[F3](测量)键	[F3]	后视点→PT-22 编码: 镜高:　　　　　1.230m *角度　斜距　坐标　--
6.照准后视点后,选择一种测量模式并按相应的软键,例如[F2](斜距)键,进行斜距测量,根据定向角计算结果设置水平度盘读数,测量结果被存储,显示屏返回到数据采集菜单 1/2		V:　　　　90°10′20″ HR:　　　　0°00′00″ SD*[n]　　　　<<m >测量--- 数据采集　　　　1/2 　F1: 测站点输入 　F2: 后视 　F3: 前视/侧视　P↓

说明:

*1.每次按[F3]键,输入方法就在坐标值、设置角度和坐标点号之间交替变换。

*2.数据采集顺序可设置为[编辑-测量],可参考数据采集参数的设置。

②数据采集的操作步骤。

数据采集的操作步骤详见表 4-11。

表 4-11　数据采集的操作步骤

操作过程	按键	显示
1.由数据采集菜单 1/2 按[F3](前视/侧视)键,即显示原有数据	[F3]	数据采集　　　　　　1/2 　F1: 测站点输入 　F2: 后视 　F3: 前视/侧视　　P↓ 点号→ 编码: 镜高:　　　　　　0.000m 输入　查找　测量　同前
2.按[F1](输入)键,输入点号后,按[F4](ENT)确认	[F1] 输入点号 [F4]	点号＝PT-01 编码: 镜高:　　　　　　0.000m ---　--　[CLR] [ENT]
3.按同样的方法输入编码、反射棱镜高	[F1] 输入编码 [F4] [F1] 输入镜高 [F4]	点号＝PT-01 编码→ 镜高:　　　　　　0.000m 输入　查找　测量　同前 点号→PT-01 编码: TOPCON 镜高:　　　　　　1.200m 输入　查找　测量　同前
4.按[F3](测量)键	[F3]	点号→PT-01 编码: TOPCON 镜高:　　　　　　1.200m 角度　*斜距　坐标　偏心
5.照准目标点	照准	
6.按[F1]到[F3]中的一个键。 例如:[F2](斜距)键,开始测量,测量数据被存储,显示屏变换到下一个镜点,点号自动增加	[F2]	V:　　　　90°10′20″ HR:　　　120°30′50″ SD*[n]　　　　　　<m >测量 - - - - - 完成 - - - - - 点号→PT-02 编码: TOPCON 镜高:　　　　　　1.200m 输入　查找　测量　同前

续表

操作过程	按键	显示
7.输入下一个镜点数据并照准该点	照准	
8.按[F4](同前)键,按照上一个镜点的测量方式进行测量,测量数据被存储,按同样方式连续测量	[F4]	V: 90° 10′ 20″ HR: 120° 30′ 50″ SD*[n] <m >测量 _____ 完成
9.按[ESC]键即可结束数据采集模式	[ESC]	点号→PT-03 编码: TOPCON 镜高: 1.200m 输入 查找 测量 同前

2. GTS-100N 型全站仪的数据通信

GTS-100N 型仪器的文件存储与管理、数据通信功能都在存储管理菜单下。用户可将内存中的数据文件下载到计算机,也可将计算机中的坐标数据文件上传到仪器内存。发送测量数据文件的操作流程见表 4-12。

表 4-12 发送测量数据文件的操作流程

操作过程	按键	显示
1.由主菜单1/3按[F3](存储管理)键	[F3]	存储管理 1/3 F1:文件状态 F2:查找 F3: 文件维护 P↓
2.按[F4](P↓)键两次 按[F1](数据通讯)键	[F4] [F4] [F1]	存储管理 3/3 F1:数据通讯 F2:初始化 P↓
3.选择数据格式 GTS 格式:通常格式 SSS 格式:包括编码 例如按[F1]键	[F1]	数据传输 F1: GTS 格式 F2: SSS 格式
4.选择发送数据类型,可按[F1]至[F3]中的一个键,例如按[F1](测量数据)键	[F1]	发送数据 F1: 测量数据 F2: 坐标数据 F3: 编码数据

续表

操 作 过 程	按 键	显 示
5. 按[F1]或[F2]键,选择 11 位或 12 位数据,例如按[F1](11 位)键	[F1]	发送测量数据 F1: 11 位 F2: 12 位
6. 按[F1](输入)键,输入待发送的文件名,按[F4](回车)键	[F1] 输入 FN [F4]	选择文件 FN: 输入　调用　--　回车
7. 按[F3](是)键,发送数据,显示屏返回到菜单	[F3]	发送测量数据 >OK? [是]　[否]
8. 取消发送可按[F4](停止)键	[F4]	发送测量数据! 正在发送数据! > 停止

【思考题与习题】

1. 什么是直线定线? 简述直线定线的常用方法。

2. 用钢尺丈量 A、B 两点的水平距离,往测距离为 145.126 m,返测距离为 145.148 m,试计算 A、B 两点的水平距离及其相对误差。

3. 什么是直线定向? 直线的标准方向有哪些?

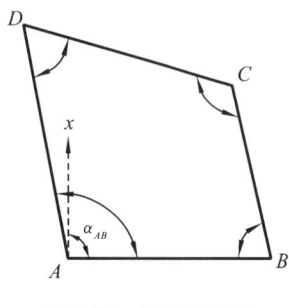

图 4-23　控制网图形

4. 什么是直线的坐标方位角? 什么是象限角? 一条直线的坐标方位角和象限角如何相互转换?

5. 控制网图形如图 4-23 所示,已知 A 点的坐标为 $(535.000,535.000)$,A 点到 B 点的水平距离为 43.530 m,$\alpha_{AB}=90°00'00''$,$\angle B=81°46'10''$,$\angle C=101°57'00''$,$\angle D=85°22'10''$,$\angle A=90°54'40''$,试计算 B 点坐标,并推算 BC、CD、DA 边的坐标方位角(α_{BC}、α_{CD}、α_{DA})和象限角(R_{BC}、R_{CD}、R_{DA})。

6. 全站仪有哪些基本功能? 简述使用拓普康 GTS-100N 型全站仪进行数据采集的操作步骤。

项目五　小区域控制测量

»→ ┃学习目标 ......

1. 了解控制测量的原则、目的及分类；
2. 掌握导线的布设形式，导线测量的外业工作和内业计算方法；
3. 掌握三、四等水准测量的外业施测及成果计算方法；
4. 掌握三角高程测量的原理、计算公式及成果计算方法。

5.1　控制测量概述

为了减少测量误差的积累，提高测量成果的精度，测量工作必须遵循"从整体到局部，先控制后碎部"的原则，即先在测区范围内选择一些对整体有控制意义的点，称为控制点。这些点构成一定的几何图形，称为控制网。然后用精密的仪器、严密的测量方法，计算出各控制点的平面位置和高程，这项工作称为控制测量。以控制点为基准，确定其周围地物、地貌特征点的测量工作，称为碎部测量。

控制测量包括平面控制测量和高程控制测量。测定控制点平面坐标(x,y)的测量工作称为平面控制测量，测定控制点高程(H)的测量工作称为高程控制测量。通常，按照控制网范围大小和功能的差异，将测量控制网分为国家控制网、城市控制网和小区域控制网。

在全国范围内建立的国家平面控制网和高程控制网，称为国家控制网。它提供全国统一的空间定位基准，为全国各种比例尺测图、工程建设及军事应用等提供控制依据。建立国家平面控制网的常规方法有三角测量和精密导线测量。国家控制网按精度等级分为一、二、三、四等，一、二等是国家控制网的骨干，三、四等是对国家控制网的进一步加密。

国家高程控制网主要采用精密水准测量方法建立，常布设成水准网、闭合水准路线、附合水准路线等形式，按精度高低分为一、二、三、四等，从高级到低级，逐级进行控制。

城市控制网是指在城市范围内建立的控制网，主要为城市规划、工程建设、施工放样、大比例尺测图、地籍测量等提供基础控制点。相对国家控制网而言，城市控制网的范围较小，可在国家基本控制网的基础上进行加密，如果国家控制网不能满足其要求，可建立独立的城市控制网。

小区域控制网指面积在 15 km² 以内，为大比例尺测图和工程建设而建立的控制网。小区域控制网应尽量与国家控制网连测，连测有困难时，也可根据需要建立独立的控制网。小区域控制网通常按精度的大小分级建立，区域内精度最高的控制网称为首级控制网。直接为测图建立的控制网，称为图根控制网。图根控制网中的控制点称为图根控制点，简称图根点。图根控制点的密度根据基本控制点分布，地形复杂、破碎程度或隐蔽情况决定。对于平坦而开阔地区，图根点的数量要求见表 5-1。

表 5-1　每平方千米图根点数量(单位:个)

比　例　尺	1∶2000	1∶1000	1∶500
模拟法成图	15	50	150
数字法成图	4	16	64

　　小区域平面控制网主要采用三角测量和导线测量的方法建立,小区域高程控制网主要采用水准测量的方法建立,对于地面高差起伏较大的山区和丘陵地区,也可采用三角高程测量的方法。

　　以下重点介绍采用导线测量方法建立小区域平面控制网的方法,以及用三、四等水准测量和三角高程测量建立小区域高程控制网的方法。

5.2　导线测量

　　导线测量是平面控制测量的常用方法。所谓导线,是指将测区内相邻控制点依次连接构成的折线图形。构成导线的各控制点称为导线点,相邻控制点构成的边称为导线边,相邻导线边之间的水平夹角称为转折角,导线测量就是根据已知数据(已知导线点坐标及已知导线边的坐标方位角)和外业测量的导线边边长及转折角,计算出未知导线点的坐标。

　　按照使用仪器工具的不同,导线分为经纬仪导线和光电测距导线。经纬仪导线是使用经纬仪测量转折角,使用钢尺测量导线边边长;光电测距导线是使用全站仪或测距仪测量导线边边长。

　　导线测量的布设形式灵活,只要求相邻导线点之间通视,适用于狭长地带、地物分布较复杂的城市地区。

5.2.1　导线的布设形式及等级

　　根据测区的地形和已知高级控制点的分布情况,导线常布设成闭合导线、附合导线和支导线等形式。

1. 闭合导线

　　闭合导线是指起始、终止于同一已知点的导线。如图 5-1 所示,导线从已知点 A 和已知方向 AB 出发,经过导线点 1、2、3、4,最后回到起始点 A 点,形成一个闭合多边形的导线称

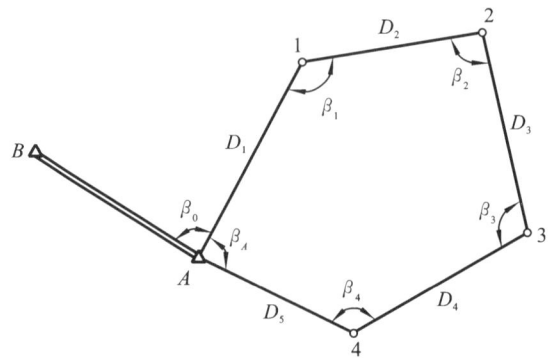

图 5-1　闭合导线

为闭合导线。如图 5-1 所示的闭合导线,需要观测各导线边的边长 D_1、D_2、D_3、D_4、D_5,转折角 β_A、β_1、β_2、β_3、β_4,连接角 β_0。闭合导线具有严密的检核条件,常用于小区域的首级平面控制测量。

2. 附合导线

附合导线是从一已知点出发,附合于另外一个已知点的导线。如图 5-2 所示,导线从已知点 A 和已知方向 AB 出发,经过导线点 1、2、3,最后附合到另外的已知点 C 和已知方向 CD,这种导线称为附合导线。如图 5-2 所示的附合导线,需要观测各导线边的边长 D_1、D_2、D_3、D_4,转折角 β_1、β_2、β_3,连接角 β_A、β_C。附合导线具有检核观测成果的作用,常用于加密平面控制网。

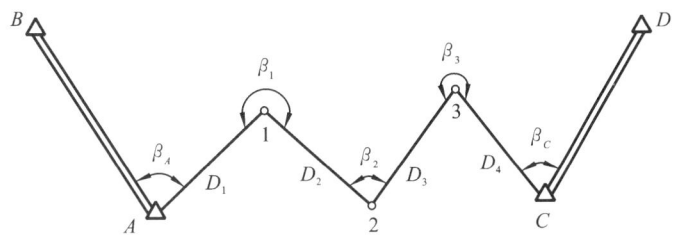

图 5-2　附合导线

3. 支导线

支导线是由一个已知点和一个已知方向出发,既不闭合,也不附合到另外已知点的导线。如图 5-3 所示,导线从已知点 A 和已知方向 AB 出发,仅经过导线点 1、2,这种形式的导线称为支导线。如图 5-3 所示的支导线,需要观测各导线边的边长 D_1、D_2,转折角 β_1,连接角 β_A。显然,支导线缺乏检核条件,故应对点数严格限制,一般不超过两个,支导线仅用于图根测量。

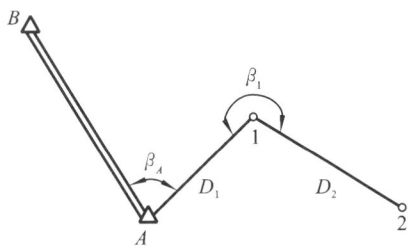

图 5-3　支导线

4. 导线测量的等级及技术要求

由《工程测量规范》(GB 50026—2007)可知,各等级导线测量的主要技术要求应符合表 5-2 的规定。

表 5-2　导线测量的主要技术要求

等级	导线长度/km	平均边长/km	测角中误差/(″)	测距中误差/mm	测距相对中误差	测回数 1″级仪器	测回数 2″级仪器	测回数 6″级仪器	方位角闭合差/(″)	导线全长相对闭合差
三等	14	3	1.8	20	1/150000	6	10	—	$3.6\sqrt{n}$	≤1/55000
四等	9	1.5	2.5	18	1/80000	4	6	—	$5\sqrt{n}$	≤1/35000

等级	导线长度/km	平均边长/km	测角中误差/(″)	测距中误差/mm	测距相对中误差	测回数 1″级仪器	测回数 2″级仪器	测回数 6″级仪器	方位角闭合差/(″)	导线全长相对闭合差
一级	4	0.5	5	15	1/30000	—	2	4	$10\sqrt{n}$	≤1/15000
二级	2.4	0.25	8	15	1/14000	—	1	3	$16\sqrt{n}$	≤1/10000
三级	1.2	0.1	12	15	1/7000	—	1	2	$24\sqrt{n}$	≤1/5000

注:①表中 n 为测站数。

②当测区测图的最大比例尺为 1∶1000 时,一、二、三级导线的导线长度、平均边长可适当放长,但最大长度不应大于表中规定相应长度的 2 倍。

5.2.2　导线测量的外业工作

导线测量的外业工作包括踏勘选点、埋石、测角、量边及定向。

1. 踏勘选点

踏勘选点前,应收集测区已有的测量资料,主要是测区已有的各种比例尺地形图和控制点分布等资料。通过综合分析测区已有控制点的分布、地形条件、工程精度要求等因素,在小比例尺地形图上拟定导线的布设方案,然后去现场踏勘,落实导线点点位。选点时应注意以下事项:导线点应选在坚实稳固、便于保存和观测的位置;相邻导线点应通视良好,便于测角和量距;点位周围的视野应开阔,便于碎部测量;导线点应有足够的密度,分布均匀,导线边长应大致相等,相邻边边长不应相差悬殊,应满足规范要求;当使用光电测距时,各导线边应避开散热塔、散热池、烟囱等发热体及强电磁场。

2. 埋石

导线点选定后,应埋设标志,一般分为临时性标志和永久性标志。临时性标志可在点位打一木桩,在木桩中心处钉一小钉作为点位标志;在水泥地面可用红油漆画一个圆圈,圈内画一"十"字标识点位中心。永久性标志应按照导线的等级埋设混凝土桩,桩顶嵌入带有"十"字的金属标志。埋设的各导线点应统一编号命名,为了便于查找,应绘制各导线点的"点之记",即导线点到附近明显地物的距离及方位关系草图。

3. 测角

导线的转折角分为左角和右角,若转折角位于导线前进方向的左侧,称为左角;若转折角位于导线前进方向的右侧,称为右角。通常,在闭合导线中,一般测量其内角;在附合导线中,一般测量其左角;对于支导线,应分别测量其左角和右角,以便检核。

4. 量边

导线边的边长应使用经过检定的钢尺往返丈量,也可采用全站仪或测距仪测定。各等级控制网边长的主要技术要求见表 5-3 和表 5-4。

5. 定向

当导线和测区已知高级控制点连测时,需要进行连接测量,即测出已知方向和导线边之间的水平夹角,也称连接角,如图 5-1 中的 β_0,图 5-2 中的 β_A、β_C,图 5-3 中的 β_A。连接角测量的目的是将高级控制网的坐标方位角传递给低级控制网,从而将导线点的坐标纳入该地区的统一坐标系中。若测区附近无高级控制网,可假定起始点的坐标和起始边的坐标方位角作为起算数据。

表 5-3　测距的主要技术要求

平面控制网等级	仪器精度等级	每边测回数		一测回读数较差 /mm	单程各测回较差 /mm	往返测距较差 /mm
		往	返			
三等	5 mm 级仪器	3	3	≤5	≤7	≤2(a+b×D)
	10 mm 级仪器	4	4	≤10	≤15	
四等	5 mm 级仪器	2	2	≤5	≤7	
	10 mm 级仪器	3	3	≤10	≤15	
一级	10 mm 级仪器	2	—	≤10	≤15	—
二、三级	10 mm 级仪器	1	—	≤10	≤15	

注:①测回是指照准目标一次,读数 2~4 次的过程。

②困难情况下,边长测距可采取不同时间段测量代替往返观测。

表 5-4　普通钢尺测距的主要技术要求

等级	边长量距较差相对误差	作业尺数	量距总次数	定线最大偏差 /mm	尺段高差较差 /mm	读定次数	估读值至 /mm	温度读数值至 /℃	同尺各次或同段各尺的较差 /mm
二级	1/20000	1~2	2	50	≤10	3	0.5	0.5	≤2
三级	1/10000	1~2	2	70	≤10	2	0.5	0.5	≤3

注:①量距边长应进行温度、坡度及尺长改正。

②当检定钢尺时,其相对误差不应大于 1/100000。

5.2.3　导线测量的内业计算

导线的内业计算,就是根据已知高级控制点的坐标和已知边的坐标方位角,以及外业观测的导线边边长和转折角数据,推算各未知导线点的坐标,并评定导线测量成果的精度。

在进行内业计算之前,应全面检核外业观测数据,包括数据是否完整、有无记错算错、数据是否满足精度要求等。然后绘制导线布设草图,将各导线点点号、导线边边长及转折角标注于图形上,供内业计算使用。

1. 附合导线的内业计算

以图 5-4 所示附合导线的内业计算为例,说明导线内业计算的步骤。

①填表。根据整理的外业观测结果,将示意图中导线的观测数据(导线转折角和导线边边长)和已知的起算数据(起始边和终止边的坐标方位角,起点和终点的坐标)填入对应的表格中,详见表 5-5。

②角度闭合差的计算与调整。图 5-4 所示的附合导线中,转折角为左角,由坐标方位角的推算公式可以推算出终止边的坐标方位角为

$$\alpha_{A1} = \alpha_{BA} + 180° + \beta_A$$

$$\alpha_{12} = \alpha_{A1} + 180° + \beta_1$$

$$\alpha_{2C} = \alpha_{12} + 180° + \beta_2$$

$$\alpha_{CD}{}' = \alpha_{2C} + 180° + \beta_C = \alpha_{BA} + 4×180° + \sum \beta_{测左}$$

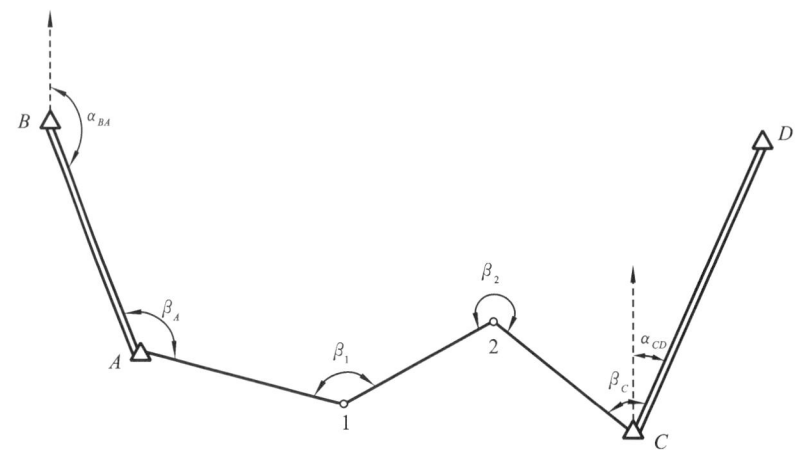

图 5-4 附合导线计算示意图

表 5-5 附合导线计算表

点号	观测角 /(° ′ ″)	改正数 /(″)	改正后角度 /(° ′ ″)	坐标方位角 /(° ′ ″)	距离 /m	坐标增量/m $\Delta x'$	坐标增量/m $\Delta y'$	改正后增量/m Δx	改正后增量/m Δy	坐标值/m x	坐标值/m y	点号
B				149 40 00								B
A	168 03 24	−10	168 03 14							1453.84	2709.65	A
				137 43 14	236.02	−0.09 −174.62	−0.04 +158.78	−174.71	+158.74			
1	145 20 48	−10	145 20 38							1279.13	2868.39	1
				103 03 52	189.11	−0.07 −42.75	−0.04 +184.22	−42.82	+184.18			
2	216 46 26	−10	216 46 16							1236.31	3052.57	2
				139 50 08	147.62	−0.06 −112.81	−0.03 +95.21	−112.87	+95.18			
C	49 02 48	−11	49 02 37							1123.44	3147.75	C
D				8 52 45								D
总和	579 13 26	−41	579 12 45		572.75	−330.18	+438.21	−330.40	438.10			

辅助计算	$f_\beta = 149°40'00'' + 4×180° + 579°13'26'' - 8°52'45'' = +41''$ $f_{\beta容} = ±60×\sqrt{4} = ±120''$ $\|f_\beta\| < \|f_{\beta容}\|$ 合格 $f_x = \sum \Delta x_测 - (x_终 - x_起) = +0.22$ (m) $f_y = \sum \Delta y_测 - (y_终 - y_起) = +0.11$ (m) $f = \sqrt{f_x^2 + f_y^2} = +0.25$ (m) $K = \dfrac{f}{\sum D} = \dfrac{0.25}{572.75} \approx \dfrac{1}{2200}$ $K_容 = \dfrac{1}{2000}$ $K < K_容$ 合格

由此可得计算终止边坐标方位角的一般公式为

$$\alpha_{终边}' = \alpha_{始边} + n × 180° + \sum \beta_{测左}$$

式中 n——导线观测角的个数。

由于测角误差的影响,用观测的转折角推算出的终止边的坐标方位角和终止边已知的坐标方位角有差异,二者之差称为角度闭合差,用 f_β 表示,即

$$f_\beta = \alpha_{终边}{}' - \alpha_{终边}$$

角度闭合差 f_β 的大小，反映出测角的精度。通常，不同等级的导线，角度闭合差的容许值 $f_{\beta容}$ 不同，例如图根导线角度闭合差的容许值为

$$f_{\beta容} = \pm 60\sqrt{n}('')$$

式中　　n——导线观测角的个数。

若 $|f_\beta| \leqslant |f_{\beta容}|$，表明测角精度符合要求，可将角度闭合差进行调整。调整时应注意：如果是用左角计算的 $\alpha_{终边}{}'$，改正数的符号与 f_β 符号相反；如果是用右角计算的 $\alpha_{终边}{}'$，改正数的符号与 f_β 符号相同。将闭合差按相反符号平均分配给各观测角，得出改正后角度为

$$\beta = \beta_{测} - f_\beta / n$$

式中　　n——导线观测角的个数。

按 f_β / n 计算出的改正数，取位至整秒，填入表格第 3 列。当 f_β 不能被 n 整除而有余秒数时，可将余秒数人为调整到导线最短边所在的邻角上。改正后的角度总和应与角度闭合差的大小相等，符号相反，以此来检核计算是否正确。

当 $|f_\beta| > |f_{\beta容}|$ 时，表明测角误差超限，应停止计算，重新检测角度。

③导线各边坐标方位角的推算。按照导线的前进方向，由起始边的坐标方位角和改正后的转折角，依次推算各导线边的坐标方位角，填入表的第 5 列。为了检核，最后应重新推算导线终止边的坐标方位角，看是否与已知值相等。若不等，说明计算错误。

④坐标增量的计算及坐标增量闭合差的计算与调整。假设有一直线 AB，则 A、B 两点的纵、横坐标增量分别为

$$\Delta x_{AB} = D_{AB} \times \cos\alpha_{AB}$$

$$\Delta y_{AB} = D_{AB} \times \sin\alpha_{AB}$$

式中　　D_{AB}——直线 AB 的边长，m；

　　　　α_{AB}——直线 AB 的坐标方位角；

　　　　Δx_{AB}、Δy_{AB}——坐标增量，也就是直线两端点 A、B 的坐标值之差。

例如，导线边 12 的坐标增量为

$$\Delta x_{12} = D_{12} \times \cos\alpha_{12} = 189.11 \times \cos 103°03'52'' = -45.75 \text{（m）}$$

$$\Delta y_{12} = D_{12} \times \sin\alpha_{12} = 189.11 \times \sin 103°03'52'' = +184.22 \text{（m）}$$

同法可算得其他各导线边的坐标增量，填入表中第 7 列、第 8 列。

由于量距的误差和角度闭合差调整后残余误差的综合影响，使纵、横坐标增量的代数和与理论值不等，此项误差通常用坐标增量闭合差表示，按以下公式计算，即

$$f_x = \sum \Delta x_{测} - (x_{终} - x_{起})$$

$$f_y = \sum \Delta y_{测} - (y_{终} - y_{起})$$

坐标增量闭合差的存在，使得推算出的导线点并没有与已知终点重合，这两点的距离称为导线全长闭合差，用 f 表示，即

$$f = \sqrt{f_x^2 + f_y^2}$$

由于导线测量的精度和测量的距离有关，故以 f 与导线全长 $\sum D$ 相比，化为分子为 1 的分数表示导线全长相对闭合差，用 K 表示，即

$$K = \frac{f}{\sum D} = \frac{1}{\dfrac{\sum D}{f}} = \frac{1}{\dfrac{\sum D}{\sqrt{f_x^2 + f_y^2}}}$$

不同等级的导线,导线全长相对闭合差的容许值 $K_容$ 不同,详见表 5-2 中的规定。若 K > $K_容$,表明测量结果不合格,应首先检核计算过程有无错误,然后检查外业观测成果,必要时应重测;若 $K \leqslant K_容$,说明测量结果合格,可对 f_x、f_y 进行调整。调整的原则是将 f_x、f_y 反符号,按边长成正比分配到相应边的纵、横坐标增量中去,从而得到改正后的纵、横坐标增量。各坐标增量改正值 δ_{xi}、δ_{yi} 按下式计算:

$$\delta_{xi} = -\frac{f_x}{\sum D} D_i$$

$$\delta_{yi} = -\frac{f_y}{\sum D} D_i$$

式中 δ_{xi}、δ_{yi}——第 i 边的纵、横坐标增量的改正值,m;

D_i——第 i 边的边长,m;

$\sum D$——导线全长,m。

纵、横坐标增量的改正值之和应满足下式。

$$\sum \delta_x = -f_x$$

$$\sum \delta_y = -f_y$$

坐标增量的改正值通常写在坐标增量计算值的上面,书写时,应注意两者的末位上下对齐。

改正后坐标增量等于坐标增量的计算值与对应的改正数之和,同时,改正后坐标增量的代数和应与坐标增量的理论值相等,若不等,应检查计算过程是否有误。

⑤计算各导线点的坐标。根据后一点的坐标及改正后的坐标增量,按下式依次推算出前一点的坐标。

$$x_前 = x_后 + \Delta x_改$$

$$y_前 = y_后 + \Delta y_改$$

最后推算出的终止边上 C 点的坐标,其值应与原有坐标值相等,以作检核。

在导线的计算过程中,应步步检核,上一步未检核合格,不能进行下一步的计算工作。

2. 闭合导线的内业计算

闭合导线的内业计算步骤和附合导线类似,仅在角度闭合差的计算与调整和坐标增量闭合差的计算上稍有不同,以下重点介绍两者的不同点。

①角度闭合差的计算与调整。

构成闭合导线的多边形内角和的理论值为

$$\sum \beta_理 = (n-2) \times 180°$$

式中 n——多边形的边数。

由于测角误差的影响,实测的多边形内角和 $\sum \beta_测$ 与理论值不相等,其差值称为角度闭合差,用 f_β 表示,即

$$f_\beta = \sum \beta_测 - \sum \beta_理 = \sum \beta_测 - (n-2) \times 180°$$

若$|f_\beta|\leqslant|f_{\beta容}|$,表明测角精度符合要求,可将角度闭合差按相反符号平均分配给各观测角,从而得出改正后的角度。

②坐标增量闭合差的计算。

由于闭合导线坐标增量代数和的理论值为零,故坐标增量闭合差为坐标增量观测值的代数和与理论值之差,即

$$f_x = \sum \Delta x_测 - \sum \Delta x_理 = \sum \Delta x_测$$

$$f_y = \sum \Delta y_测 - \sum \Delta y_理 = \sum \Delta y_测$$

设有闭合导线12345,表中用双下划线标明的数据是已知数据,其内业计算表见表5-6(以二级导线为例)。

表 5-6　闭合导线计算表

点号	观测角（右角）/(° ′ ″)	改正数/(″)	改正后角度/(° ′ ″)	坐标方位角/(° ′ ″)	距离/m	坐标增量/m $\Delta x'$	坐标增量/m $\Delta y'$	改正后增量/m Δx	改正后增量/m Δy	坐标值/m x	坐标值/m y	点号
1				<u>98 25 36</u>	199.415	+0.015 −29.223	+0.002 +197.262	−29.208	+197.264	<u>1000.00</u>	<u>1000.00</u>	1
2	128 39 34	−4	128 39 30	149 46 06	150.265	+0.011 −129.828	+0.001 +75.658	−129.817	+75.659	970.792	1197.264	2
3	85 12 23	−4	85 12 19	244 33 47	183.402	+0.013 −78.774	+0.001 −165.623	−78.761	−165.622	840.975	1272.923	3
4	124 18 24	−4	124 18 20	300 15 27	105.513	+0.008 +53.167	+0.001 −91.139	+53.175	−91.138	762.214	1107.301	4
5	125 15 46	−4	125 15 42	354 59 45	185.303	+0.014 +184.597	+0.001 −16.164	+184.611	−16.163	815.389	1016.163	5
1	76 34 13	−4	76 34 09	98 25 36						1000.00	1000.00	1
2												
总和	540 00 20	−20	540 00 00		823.898	−0.061	−0.006	0.00	0.00			

辅助计算

$$f_\beta = \sum f_测 - (5-2)\times180° = 540°00'20'' - 540°00'00'' = +20''$$

$$f_{\beta容} = \pm16''\times\sqrt{5} = \pm36'' \qquad |f_\beta|\leqslant|f_{\beta容}| \qquad 合格$$

$$f_x = \sum \Delta x_测 = -0.061\ \text{m} \qquad f_y = \sum \Delta y_测 = -0.006\ \text{m}$$

$$f = \sqrt{f_x^2 + f_y^2} = +0.061\text{m}$$

$$K = \frac{f}{\sum D} = \frac{0.061}{823.898} \approx \frac{1}{13500} \qquad K_容 = \frac{1}{10000} \qquad K < K_容 \qquad 合格$$

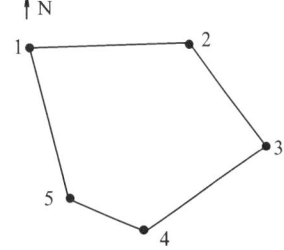

5.3 高程控制测量

测定控制点高程的测量工作称为高程控制测量,小区域的高程控制测量主要采用三、四等水准测量、三角高程测量等方法。

5.3.1 三、四等水准测量

三、四等水准测量主要用于国家一、二等水准网的加密,小区域的首级高程控制,工程建设中工程测量和变形观测的基本控制等方面。

1. 三、四等水准测量的技术要求

三、四等水准测量一般应与国家一、二等水准网点连测,以便建立统一的高程系统;若测区附近没有国家水准点,可布设独立的闭合水准路线,并假设起算点的高程。

三、四等水准网应根据需要布设成附合路线、闭合路线或结点网。水准路线应沿利于施测的公路、大路及坡度较小的乡村路布设,水准点应选在土质坚实、方便观测和利于长期保存的地点。观测应在标尺分划线成像清晰稳定时进行,若成像欠佳,应缩短视线长度,直至成像清晰稳定。

三、四等水准测量,每千米水准测量的偶然中误差 M_Δ 和全中误差 M_W,不应超过表 5-7 规定的数值。

表 5-7 三、四等水准测量的精度要求

测量等级	M_Δ/mm	M_W/mm
三等	3.0	6.0
四等	5.0	10.0

三、四等水准测量每一测站的技术要求见表 5-8,测站的观测限差见表 5-9。

表 5-8 三、四等水准测量的技术要求

等级	仪器类别	视线长度/m	前后视距差/m	任一测站上前后视距差累积/m	视线高度	数字水准仪重复测量次数
三等	DS3	≤75	≤2.0	≤5.0	三丝能读数	≥3 次
	DS1、DS05	≤100				
四等	DS3	≤100	≤3.0	≤10.0	三丝能读数	≥2 次
	DS1、DS05	≤150				

注:相位法数字水准仪重复测量次数可以为上表中数值减少一次。所有数字水准仪,在地面振动较大时,应暂时停止测量,直至振动消失,无法回避时应随时增加重复测量次数。

表 5-9 三、四等水准测量每一测站的观测限差

等级	观测方法	基、辅分划（黑红面）读数的差/mm	基、辅分划（黑红面）所测高差的差/mm	单程双转点法观测时，左右路线转点差/mm	检测间歇点高差的差/mm
三等	中丝读数法	2.0	3.0	—	3.0
	光学测微法	1.0	1.5	1.5	
四等	中丝读数法	3.0	5.0	4.0	5.0

注：①使用双摆位自动安平水准仪观测时，不计算、基辅分划读数差。

②对于数字水准仪，同一标尺两次观测所测高差的差执行基、辅分划所测高差之差的限差。

2. 三、四等水准测量的施测方法

三、四等水准测量常用双面尺法进行施测，其观测、计算方法如下。

①一个测站的操作程序。

a. 照准后视尺黑面，读取下丝、上丝和中丝读数，填入表 5-10 的(1)、(2)、(3)处；

b. 照准前视尺黑面，读取下丝、上丝和中丝读数，填入表 5-10 的(4)、(5)、(6)处；

c. 照准前视尺红面，读取中丝读数，填入表 5-10 的(7)处；

d. 照准后视尺红面，读取中丝读数，填入表 5-10 的(8)处。

以上的观测顺序，简称为"后—前—前—后（黑—黑—红—红）"顺序，主要用于抵消水准仪和水准尺下沉产生的误差。对于四等水准测量，一个测站的观测步骤也可以按"后—后—前—前（黑—红—黑—红）"顺序。

观测时，如果是使用微倾式水准仪，在每次读数时，都要使用微倾螺旋调整水准管气泡的两端半个影像，使其底端对齐；如果是使用自动安平光学水准仪，在每次读数时，都要检查水准仪的圆水准气泡是否居中；如果是使用数字水准仪观测，则应用垂直丝照准条码的中央位置，精确调焦至影像清晰后测量。

表 5-10 四等水准测量记录表

自：BM1　测至：BM2　　　时间：2012 年 10 月 25 日

天气：晴　成像：清晰　　　观测者：王山　记录者：万水

测站编号	测点编号	后尺 下丝/上丝	前尺 下丝/上丝	方向及尺号	水准尺中丝读数/m 黑面	水准尺中丝读数/m 红面	K+黑—红/mm	高差中数/m	备注
		后视距/m	前视距/m						
		视距差 d/m	视距累积差 $\sum d$/m						
		(1)	(4)	后	(3)	(8)	(13)		
		(2)	(5)	前	(6)	(7)	(14)	(18)	
		(9)	(10)	后—前	(15)	(16)	(17)		
		(11)	(12)						

测站编号	测点编号	后尺 下丝 上丝	前尺 下丝 上丝	方向及尺号	水准尺中丝读数/m		K+黑—红/mm	高差中数/m	备注
		后视距/m	前视距/m		黑面	红面			
		视距差 d/m	视距累积差 $\sum d$/m						
1	BM1 至 ZD1	1.571	0.739	后 K_7	1.384	6.171	0	+0.8325	
		1.197	0.363	前 K_6	0.551	5.239	−1		
		37.4	37.6	后—前	0.833	0.932	+1		
		−0.2	−0.2						
2	ZD1 至 ZD2	2.121	2.196	后 K_6	1.934	6.621	0	−0.0745	
		1.747	1.821	前 K_7	2.008	6.796	−1		
		37.4	37.5	后—前	−0.074	−0.175	+1		
		−0.1	−0.3						
3	ZD2 至 ZD3	1.914	2.055	后 K_7	1.726	6.513	0	−0.1405	$K_6=4.687$ $K_7=4.787$
		1.539	1.678	前 K_6	1.866	6.554	−1		
		37.5	37.7	后—前	−0.140	−0.041	+1		
		−0.2	−0.5						
4	ZD3 至 ZD4	1.965	2.141	后 K_6	1.832	6.519	0	−0.1745	
		1.700	1.874	前 K_7	2.007	6.793	+1		
		26.5	26.7	后—前	−0.175	−0.274	−1		
		−0.2	−0.7						
5	ZD4 至 BM2	1.540	2.813	后 K_7	1.304	6.091	0	−1.2810	
		1.069	2.357	前 K_6	2.585	7.272	0		
		47.1	45.6	后—前	−1.281	−1.181	0		
		+1.5	+0.8						

检核

$\sum(9)-\sum(10)=185.9-185.1=+0.8=$ 末站(12)

总视距 $=\sum(9)+\sum(10)=371.0$

$\sum(15)+\sum(16)=-1.576$　　　　总高差 $=\sum(18)=-0.838$

$\sum[(3)+(8)]-\sum[(6)+(7)]=40.095-41.671=-1.576$

$\sum[(3)+(8)]-\sum[(6)+(7)]=\sum(15)+\sum(16)=2\sum(18)+0.1=-1.576$

②测站的计算与检核。

a. 视距的计算与检核。

后视距离：

$$(9)=|(1)-(2)|\times100$$

前视距离：

$$(10) = |(4) - (5)| \times 100$$

前、后视距差：

$$(11) = (9) - (10)$$

三等水准测量中，前、后视距差不得超过±2.0 m；四等水准测量中，前、后视距差不得超过±3.0 m。

前、后视距累积差(12)＝本站的前、后视距差(11)＋前站的前、后视距累积差(12)

三等水准测量的前、后视距累积差不得超过±5.0 m；四等水准测量的前、后视距累积差不得超过±10.0 m。

b. 同一根水准尺黑、红面中丝读数之差的计算与检核。

后尺黑、红面中丝读数之差：

$$(13) = (3) + K_{后} - (8)$$

前尺黑、红面中丝读数之差：

$$(14) = (6) + K_{前} - (7)$$

式中，$K_{后}$、$K_{前}$分别是后尺和前尺的尺常数，取值为 4.687 m 或 4.787 m。三等水准测量中，同一根水准尺黑、红面中丝读数之差不得超过±2mm；四等水准测量中，同一根水准尺黑、红面中丝读数之差不得超过±3 mm。

c. 高差的计算与检核。

黑面所测高差：

$$(15) = (3) - (6)$$

红面所测高差：

$$(16) = (8) - (7)$$

黑、红面所测高差之差：

$$(17) = (15) - [(16) \pm 0.100] = (13) - (14)$$

在一个测站观测中，当后尺尺长数为 4.687 m，前尺尺长数为 4.787 m，取(16)＋0.100；反之，取(16)－0.100。三等水准测量中，黑、红面所测高差之差不得超过±3 mm；四等水准测量中，黑、红面所测高差之差不得超过±5 mm。

$$平均高差(18) = \frac{1}{2}[(15) + (16) \pm 0.100]$$

观测时，因测站观测误差超限，在本站检查发现后可立即重测。只有当各项限差均符合技术要求时，才能迁站。

d. 每页的计算与检核。

在每个测站计算检核的基础上，还应进行每页的检核。

若该页的测站数是偶数，则

$$\sum [(3) + (8)] - \sum [(6) + (7)] = \sum [(15) + (16)] = 2 \sum (18)$$

若该页的测站数是奇数，则

$$\sum [(3) + (8)] - \sum [(6) + (7)] = \sum [(15) + (16)] = 2 \sum (18) \pm 0.100$$

按下式进行视距检核：

$$\sum (9) - \sum (10) = 本页末站(12) - 前页末站(12)$$

以上检核无误后,可计算水准路线的总长,即:

$$水准路线总长 = \sum(9) + \sum(10)$$

3. 三、四等水准测量的成果计算

三、四等水准测量结束后,应按照闭合、附合等路线形式整理成果数据,绘制路线草图,其高差闭合差的计算、调整方法与普通水准测量相同。当测区范围较大时,应布设多条水准路线,构成统一的水准网,采用最小二乘法原理进行平差,从而计算出各水准点的高程。

5.3.2 三角高程测量

用水准测量方法测定控制点的高程,精度较高,但对于地面高低起伏较大的山区和丘陵地区,水准测量比较困难,可采用三角高程测量的方法测定控制点的高程。三角高程测量的精度低于水准测量,但其简便灵活,受地形的限制较少,常用于四等及以下等级的高程控制。

1. 三角高程测量的原理

三角高程测量是利用经纬仪或测距仪、全站仪,测量出测站点和照准点之间的水平距离和竖直角,通过公式计算出两点之间的高差,然后根据测站点已知的高程,推算出照准点的高程。

如图 5-5 所示,已知测站点 A 的高程 H_A,欲求目标点 B 的高程 H_B。在 A 点安置经纬仪或全站仪,在 B 点竖立觇标或棱镜,用望远镜中丝瞄准棱镜中心,测出竖直角 α、直线 AB 的水平距离 D_{AB},量取仪器高 i 和棱镜高 v,由图中几何关系可知,A、B 两点间的高差为

$$h_{AB} = D_{AB}\tan\alpha + i - v$$

由于测站点 A 的高程 H_A 已知,则 B 点的高程为

$$H_B = H_A + h_{AB} = H_A + D_{AB}\tan\alpha + i - v$$

上式就是三角高程测量的计算公式,式中,当竖直角 α 为仰角时取正号,α 为俯角时取负号,计算中应注意正负号。

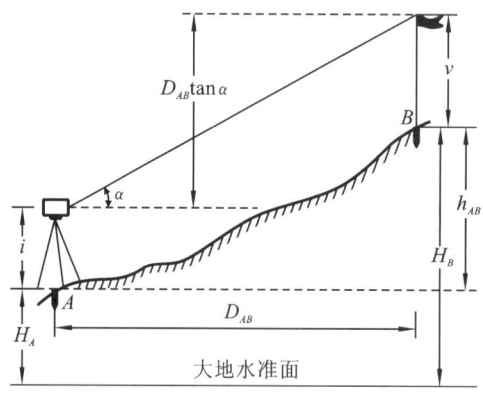

图 5-5 三角高程测量原理

上述公式在推导时将大地水准面看成平面,视线近似看作直线,适用于两点间距离较短(小于 300 m)的情况;当地面两点间的距离长于 300 m 时,就要考虑地球曲率及大气折光对高差的影响。通常,将地球曲率对高差的影响称为球差,将大气折光对高差的影响称为气差,两者的综合影响称为球气差。球差对高差的影响为 $D^2/2R$,气差对高差的影响较复杂,与气温、气压、地面坡度和植被等因素均有关,使用时应依据规范中提供的大气折光系数计算。

考虑球气差影响的三角高程测量高差的计算公式为

$$h_{AB} = D_{AB} \tan \alpha + (1-k)\frac{D_{AB}^2}{2R} + i - v$$

式中　R——地球平均曲率半径，m；

　　　k——当地的大气折光系数。

若两点间的距离用斜距 S_{AB} 表示，则

$$h_{AB} = S_{AB} \sin \alpha + (1-k)\frac{S_{AB}^2 \cos^2\alpha}{2R} + i - v$$

2. 对向观测的高差计算公式

三角高程测量一般采用直觇和返觇的观测方法。若仪器安置在已知高程点，观测该点与待求高程点之间的高差称为直觇；若仪器安置在待求高程点，观测该点与已知高程点之间的高差称为返觇。在一条边上，只进行直觇或返觇观测，称为单向观测；若既进行直觇观测，又进行返觇观测，称为对向观测或双向观测。对向观测可消除地球曲率和大气折光对高差的影响。

由已知高程的点 A 观测未知点 B，则

$$h_{AB} = S_{AB} \sin \alpha_{AB} + (1-k_{AB})\frac{S_{AB}^2 \cos^2\alpha_{AB}}{2R} + i_A - v_B$$

由未知点 B 观测已知点 A 的高差为

$$h_{BA} = S_{BA} \sin \alpha_{BA} + (1-k_{BA})\frac{S_{BA}^2 \cos^2\alpha_{BA}}{2R} + i_B - v_A$$

式中　S_{AB}、α_{AB}、S_{BA}、α_{BA}——分别为仪器在 A 点和 B 点所测的斜距和竖直角；

　　　i_A、v_A、i_B、v_B——分别为 A 点、B 点的仪器高和目标高；

　　　k_{AB}、k_{BA}——由 A 点向 B 点观测和由 B 点向 A 点观测的大气折光系数。

通常，由于对向观测是在近似相同的大气条件下进行的，可近似认为 $k_{AB} \approx k_{BA}$，而且 A、B 两点的平距 $S_{AB} \cos \alpha_{AB}$ 和 $S_{BA} \cos \alpha_{BA}$ 也近似相等，故

$$\frac{1-k_{AB}}{2R}S_{AB}^2 \cos^2\alpha_{AB} \approx \frac{1-k_{BA}}{2R}S_{BA}^2 \cos^2\alpha_{BA}$$

考虑到 $h_{AB} = -h_{BA}$，可知 A、B 两点高差的平均值为

$$h_{AB} = \frac{1}{2}(S_{AB} \sin \alpha_{AB} - S_{BA} \sin \alpha_{BA}) + \frac{1}{2}(i_A + v_A) - \frac{1}{2}(i_B + v_B)$$

上式即为对向观测时计算高差的基本公式。若以平距的形式表示，即

$$h_{AB} = \frac{1}{2}(D_{AB} \tan \alpha_{AB} - D_{BA} \tan \alpha_{BA}) + \frac{1}{2}(i_A + v_A) - \frac{1}{2}(i_B + v_B)$$

3. 三角高程路线的布设形式

三角高程测量的路线通常布设成三角高程网或高程导线等形式。

三角高程网是指采用三角高程方法传递的闭合、附合等水准路线构成的网状图形，要求网中有一定数量的已知高程水准点。

用全站仪观测竖直角和距离的方式依次测定和传递地面点高程的路线称为高程导线。高程导线通常在已知高级点间布设成附合路线或高程导线网。当测区远离国家水准点时，也可布设支线引测国家水准点高程，作为测区的高程起算点。

4. 三角高程测量的技术要求

为了提高效率,三角高程测量通常采用全站仪进行观测,其主要技术要求应符合表 5-11 和表 5-12 的规定。

表 5-11　电磁波测距三角高程测量的主要技术要求

等级	每千米高差全中误差/mm	边长/km	观测方式	对向观测高差较差/mm	附合或环形闭合差/mm
四等	10	≤1	对向观测	$40\sqrt{D}$	$20\sqrt{\sum D}$
五等	15	≤1	对向观测	$60\sqrt{D}$	$30\sqrt{\sum D}$

注:①D 为测距边的长度(km)。

②起迄点的精度等级,四等应起迄于不低于三等水准的高程点上,五等应起迄于不低于四等的高程点上。

③路线长度不应超过相应等级水准路线的长度限值。

表 5-12　电磁波测距三角高程观测的主要技术要求

等级	竖直角观测				边长测量	
	仪器精度等级	测回数	指标差较差/(″)	测回较差/(″)	仪器精度等级	观测次数
四等	2″级仪器	3	≤7	≤7	10 mm 级仪器	往返各一次
五等	2″级仪器	2	≤10	≤10	10 mm 级仪器	往一次

注:当采用 2″级光学经纬仪进行竖直角观测时,应根据仪器的竖直角检测精度,适当增加测回数。

5. 三角高程测量的成果计算

下面以某五等附合三角高程路线为例说明其计算方法,所选测区在山区,k 取值为山区的平均 k 值,为 0.115。

附合三角高程路线的示意图如图 5-6 所示,每条边对向观测的数据及计算如表 5-13 所示。计算检核无误后,将水准路线各点点号、各边的水平距离、高差中数填入三角高程成果计算表(表 5-14),成果计算的方法与普通水准路线的成果计算方法相同。

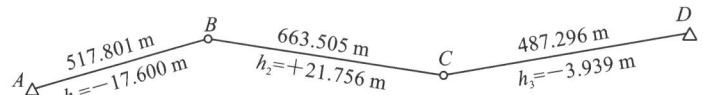

图 5-6　附合三角高程路线

表 5-13　三角高程路线高差计算表

测站点	A	B	B	C	C	D
觇点	B	A	C	B	D	C
觇法	直觇	反觇	直觇	反觇	直觇	反觇
α	$-1°54'55''$	$1°56'38''$	$1°53'08''$	$-1°52'30''$	$-0°27'56''$	$0°29'41''$
D/m	517.801	517.801	663.505	663.505	487.296	487.296
i/m	1.312	1.387	1.356	1.356	1.275	1.252
v/m	1.616	1.381	1.475	1.424	1.272	1.539
$(1-k)\dfrac{D^2}{2R}/m$	0.019	0.019	0.031	0.031	0.016	0.016
h/m	-17.600	17.599	21.755	-21.758	-3.941	3.937
$\Delta h/m$	-0.001		-0.003		-0.004	
$h_{中}/m$	-17.600		21.756		-3.939	

表 5-14　三角高程成果计算表

测点点号	水平距离/m	高差中数/m	高差改正数/m	改正后高差/m	高程 H/m	备注
A					976.023	已知点
	517.801	−17.600	+0.004	−17.596		
B					958.427	
	663.505	+21.756	+0.005	+21.761		
C					980.188	
	487.296	−3.939	+0.003	−3.936		
D					976.252	已知点
$\sum$	1668.602	+0.217	+0.012	+0.229		
辅助计算	$f_h = \sum h_{测} - \sum h_{理} = \sum h_{测} - (H_D - H_A) = 0.217 - (976.252 - 976.023) = -0.012$ m $f_{h容} = \pm 30 \sqrt{\sum D} = \pm 30 \sqrt{1.668602} \approx \pm 39$ mm $= \pm 0.039$ m，$\mid f_h \mid < \mid f_{h容} \mid$，成果合格。					

6. 三角高程测量的误差来源

由三角高程测量的计算公式及观测步骤可知，其误差来源主要有以下几个方面。

①距离测量的误差。

距离测量的误差会影响高差的精度，采用全站仪进行距离测量具有较高的精度。

②竖直角测量的误差。

竖直角测量的误差包括仪器误差和观测误差。工作中应使用检校合格的仪器，观测时应认真仔细观测，注意减小目标照准、读数等误差。

③仪器高和目标高的量取误差。

仪器及反光棱镜的高度，应在观测前后各测量一次并精确至毫米位，取其平均值作为最终高度。

④地球曲率和大气折光的误差。

球差对高差的影响为 $D^2/2R$，能精确计算，而气差对高差的影响较复杂，与外界环境因素有关。因此，在对向观测时，应注意直觇完成后立刻迁站进行返觇测量，从而保证在近似相同的大气条件下观测。同时，也要考虑观测距离，当两点间的距离大于 300 m 时，必须对高差进行球气差改正，一般依据规范中提供的大气折光系数计算。

【思考题与习题】

1. 简述控制测量的原则及分类。

2. 导线布设有哪几种形式？导线测量的外业工作有哪些？

3. 闭合导线和附合导线有哪些异同点？

4. 简述闭合导线的内业计算步骤。

5. 计算导线点坐标时，需要哪些观测数据和起算数据？

6. 某闭合导线如图 5-7 所示，试根据已知数据和观测数据，计算导线点 B、C、D 点的坐标。

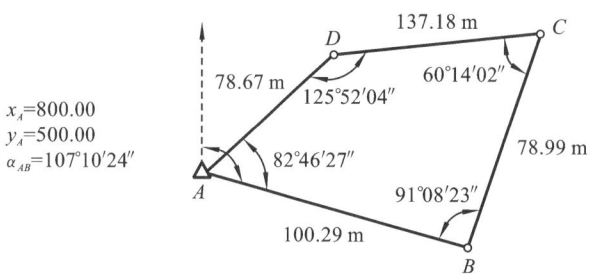

图 5-7　闭合导线示意图

7. 某附合导线如图 5-8 所示,试根据已知数据和观测数据,计算导线点 1、2、3 点的坐标。

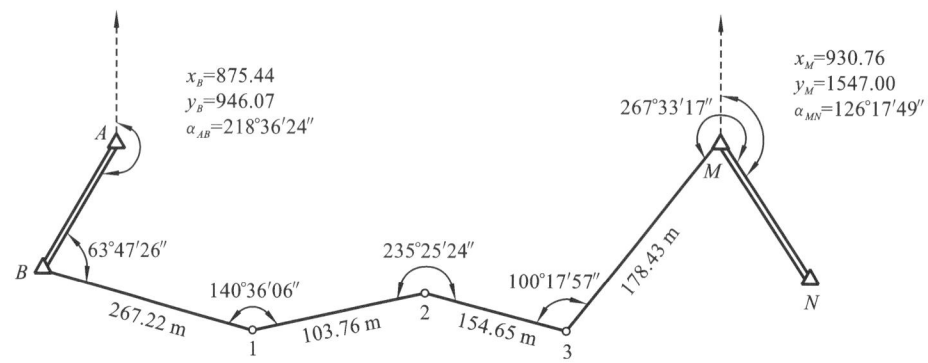

图 5-8　附合导线示意图

8. 简述三角高程测量的原理。

9. 三角高程控制测量为何要进行对向观测?

项目六　建筑工程施工测量

学习目标 ......

1. 了解施工测量的特点、原则；
2. 掌握已知水平距离、已知水平角和已知高程测设的方法；
3. 掌握点的平面位置和高程测设的方法。

6.1　施工测量概述

工程一般分为规划（设计）、建设（施工或生产）和运营（管理或使用）三个阶段。各种工程在施工阶段进行的测量工作称为施工测量。施工测量就是将图纸上设计好的建（构）筑物的平面位置和高程，标定在现场，作为施工的依据，从而指导和衔接各施工阶段和工种间的施工工作。

施工测量的内容包括：施工前建立施工控制网；施工期间将工程设计目标的位置标定在现场的测设工作；施工结束后编绘各种建（构）筑物实际情况的竣工测量；施工和运营期间测定建（构）筑物平面和高程产生位移和沉降的变形观测。

6.1.1　施工测量的特点

施工测量是使用测绘仪器和工具，将图纸上设计好的建（构）筑物的平面位置和高程测设到实地的工作，它与测绘地形图的程序正好相反。与测图相比，施工测量的精度要求高，精度的高低取决于建（构）筑物的大小、结构形式、材料、用途及施工方法等因素，测设误差的大小也将直接影响建（构）筑物的尺寸和形状。一般来说，高层建筑物的放样精度高于低层建筑物；桥梁工程的放样精度高于道路工程；钢结构建筑物的放样精度高于钢筋混凝土结构建筑物；工业建筑的放样精度高于一般民用建筑；装配式建筑物的放样精度高于非装配式建筑物。

施工测量贯穿于整个施工过程，其进度计划必须与工程建设的施工进度计划一致，同时，现场施工测设的质量也直接影响施工的质量和进度。因此，测量人员不仅要熟练识读各种设计图纸，充分理解设计意图和建（构）筑物尺寸，熟练计算出测设数据，还要与施工单位密切配合，随时掌握工程进度及现场变动情况，从测设速度和精度方面满足施工的需要。

施工现场工种较多，交叉作业频繁，车流和人流复杂，对测量工作影响较大，也易使测量标志受到损毁。因此，选择测量标志点位时应考虑便于保存、使用、受施工干扰较少等因素，如有损坏，应能及时恢复。进入施工现场作业时，应采取安全措施，保障人身、仪器的安全，防止发生安全事故。

6.1.2　施工测量的原则

在施工现场，各种建（构）筑物分布面较广，往往又不是同时开工建设，为了有效保证各个建(构)筑物的平面位置和高程精度符合设计要求,施工测量和地形图测绘一样,也必须遵循"从整体到局部,先控制后碎部"的原则,即首先在施工现场建立统一的平面控制网和高程控制网,然后进行建(构)筑物的细部施工放样工作。此外,还应采取各种方法加强外业数据和内业成果的检核,上一步工作未作检核不得进行下一步测量工作。

6.2 已知水平距离、水平角和高程的测设

施工测设工作实质上就是根据施工场地已有的控制点和地物点,依据工程设计图纸,将建(构)筑物的特征点点位在实地标定出来。因此,在测设之前,首先应计算测设数据,即确定特征点与控制点之间的角度、距离和高程关系;然后利用测量仪器,依据测设数据,将特征点点位在施工场地标定出来。已知水平距离的测设、已知水平角度的测设和已知高程的测设是测设的三项基本工作。

6.2.1 已知水平距离的测设

已知水平距离的测设,就是从地面上指定的起始点开始,沿指定的直线方向,测量一段已知的水平距离,定出直线另一端点的工作。按使用仪器的不同,分为钢尺测设法和全站仪测设法。

1. 钢尺测设法

如图 6-1 所示,设 A 为地面上的已知点,$D_设$ 为设计的水平距离,需要从 A 点出发,朝 B 点方向测设已知水平距离 $D_设$,定出直线的端点 B 点。当测设精度要求不高时,可采用一般方法测设。具体做法是:后尺手将钢尺零点对准 A 点,前尺手朝 B 点方向边定线边丈量,在尺面读数为 $D_设$ 处插下测钎,在地面定出 B' 点;为了保证精度,应进行重复丈量,即后尺手将尺子移动 $10\sim20$ cm 后对准 A 点,重复前述操作,在地面定出 B'' 点。若两次丈量定出的 B' 点和 B'' 点之差在允许范围之内,取 B' 点和 B'' 点连线的中点作为 B 点的位置。

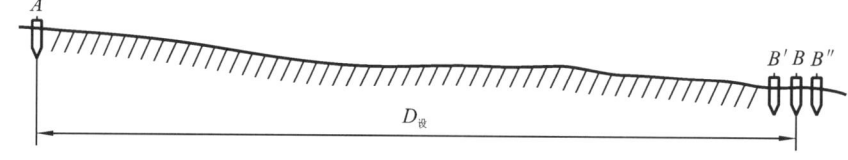

图 6-1　钢尺测设已知水平距离

2. 全站仪测设法

当测设距离较长或不便于使用钢尺测设时,可采用全站仪测设已知的水平距离。如图 6-2 所示,在 A 点安置全站仪,对中、整平后,精确瞄准已知方向点并旋紧照准部制动螺旋,此时,望远镜视线所在方向即为指定的直线方向。立镜员可在预测设点的概略位置处立棱镜,观测员指挥立镜员左右移动,使棱镜位于视线方向上,测量 A 点至棱镜的水平距离 D',然后与测设的水平距离 $D_设$ 进行比较,并将差值和移动方向告知立镜员,待立镜员调整棱镜位置后重新观测,再进行比较和调整棱镜位置,直到观测所得的水平距离与测设的水平距离 $D_设$ 之差在允许的限差范围之内,即可定出最终测设点的位置。

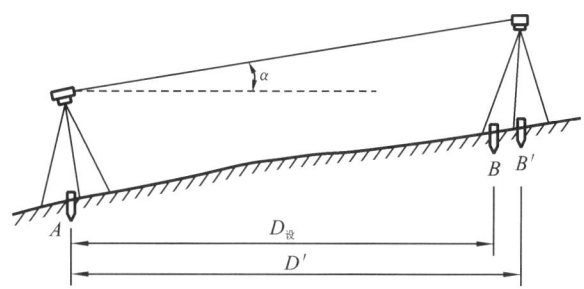

图 6-2　全站仪测设已知水平距离

6.2.2　已知水平角的测设

已知水平角的测设,是根据地面上一条已知的方向线和设计的水平角度值,利用经纬仪或全站仪,在地面上标定出另一条方向线的工作。按照测设的精度要求,可分为一般测设法和精密测设法。

1. 一般测设法

一般测设法也称正倒镜分中法,主要用于对测设精度要求不高的场合。如图 6-3 所示,设 $A{\rightarrow}B$ 为已知方向,欲测设已知水平角 β,使 $\angle BAC=\beta$,并在地面上标定出 $A{\rightarrow}C$ 方向线。测设时,首先在 A 点安置经纬仪,对中、整平后,用盘左位置瞄准 B 点,将水平度盘读数调为 $0°00'00''$,顺时针转动照准部至水平度盘读数为 β,沿视线方向在地面上定出 C' 点;然后换成盘右位置瞄准 B 点,重复上述步骤,在地面上测设出 C'' 点;最后取 C' 点和 C'' 点连线的中点 C 点,则 $\angle BAC$ 就是要测设的 β 角。测设完成后应进行检核,可重新观测 AB 和 AC 之间的水平角,并与已知的角度值 β 进行比较,若超限,应重新测设。

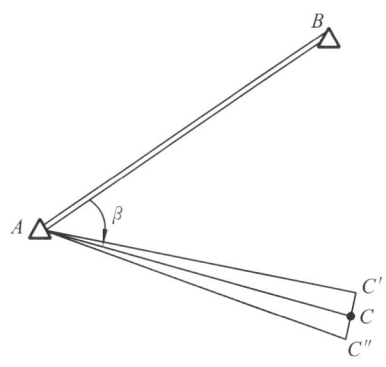

图 6-3　正倒镜分中法测设水平角

2. 精密测设法

精密测设法也称垂线改正法,当角度测设的精度要求较高时采用。如图 6-4 所示,设 AB 为已知方向,首先在 A 点安置经纬仪,用一般测设法测设已知水平角 β,在地面上定出 C 点;然后用测回法观测 $\angle BAC$ 多个测回(测回数由精度要求决定),可得各测回平均值为 β',则角度之差 $\Delta\beta=\beta-\beta'$,若 $\Delta\beta$ 超限,则需要计算 C 点的垂线改正数,即

$$CC_0=AC\tan\Delta\beta\approx AC\frac{\Delta\beta}{\rho}$$

式中,$\rho=206265''$,$\Delta\beta$ 以秒为单位。

改正时,先过 C 点作 AC 的垂线,再用钢尺从 C 点开始沿 AC 的垂线方向量取 CC_0,定出 C_0 点。AB 方向线与 AC_0 方向线之间的水平角更接近欲测设的水平角 β。当 $\Delta\beta>0$ 时,说明 $\angle BAC$ 偏小,C_0 向角度外方向改正;当 $\Delta\beta<0$ 时,C_0 向角度内方向改正。

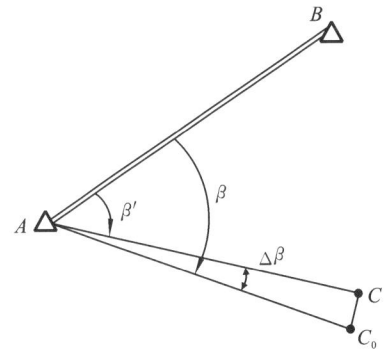

图 6-4　精密测设水平角

6.2.3　已知高程的测设

已知高程的测设,是根据地面上已知水准点的高程和设计点的高程,将设计点的高程标志线测设到地面上的工作,通常采用视线高法测设已知高程。如图 6-5 所示,A 点为已知水准点,其高程为 H_A,欲测设 B 点,使其高程为设计高程 H_B,测设方法如下。

(1) 在已知点 A 和待测设点 B 的中间安置并整平水准仪。

(2) 在后视点 A 上立尺,读出后视读数 a,则仪器的视线高为 $H_i=H_A+a$;由于 B 点的设计高程为 H_B,则 B 点的前视读数应为 $b_{应}=H_i-H_B$。

(3) 扶尺员将水准尺紧贴 B 点木桩的侧面并上下移动,观测员发现望远镜中十字丝横丝正好对准应读前视读数 $b_{应}$ 时,通知扶尺员沿尺底画一短横线,该短横线的高程即为 B 点的设计高程。

(4) 改变水准仪的高度,重新读出后视读数和前视读数,计算出该短横线的高程,与 B 点的设计高程进行比较。若符合精度要求,则以该短横线作为测设的高程标志线,并注记相应的高程符号和数值;若超限,则按上述方法重新测设。

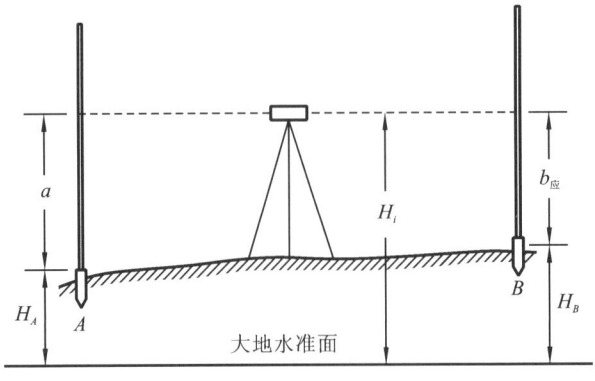

图 6-5　已知高程的测设

6.3　工程点位平面位置的测设方法

测设点的平面位置,就是根据施工现场已知的控制点,将构筑物的轴线交叉点、拐角点等特征点在实地标定出来,使其坐标为给定的设计坐标。根据施工现场控制网的形式、建筑物的大小、测设精度等的不同,测设点平面位置的方法有直角坐标法、极坐标法、角度交会法、距离交会法等。

6.3.1　直角坐标法

当施工场地有相互垂直的建筑基线或建筑方格网时,常采用直角坐标法测设点的平面位置,该法计算简单,测设方便,应用较广。如图 6-6 所示,A、B、C、D 点是建筑方格网点,其坐标值已知,1、2、3、4 点是拟测设的建筑物的四个角点,其坐标可从设计图纸上查获,现采用直角坐标法测设 1、2、3、4 点,测设步骤如下。

(1)计算测设数据,即计算待测设点和建筑方格网点之间的纵、横坐标增量。

(2)测设操作方法:①在 A 点安置经纬仪,瞄准 B 点,沿 AB 方向上以 A 点为起点分别测设 $D_{Aa}=25.00$ m,$D_{ab}=60.00$ m,定出 a、b 点;②将经纬仪搬至 a 点,瞄准 B 点,逆时针测设 $90°$ 水平角,定出 $a4$ 方向线,沿此方向从 a 点出发分别测设 $D_{a1}=30.00$ m,$D_{14}=36.00$ m,定出 1、4 点;③将经纬仪搬至 b 点,瞄准 A 点,顺时针测设 $90°$ 水平角,定出 $b3$ 方向线,沿此方向从 b 点出发分别测设 $D_{b2}=30.00$ m,$D_{23}=36.00$ m,定出 2、3 点。此时,建筑物四个角点的位置均已标定于地面上。

(3)测设数据检核,建筑物的四个角点确定以后,最后应检核,即检查 D_{12}、D_{34} 的长度是否为 60.00 m,D_{14}、D_{23} 的长度是否为 36.00 m,每个房屋内角是否为 $90°$,距离和角度的误差是否在限差范围内。

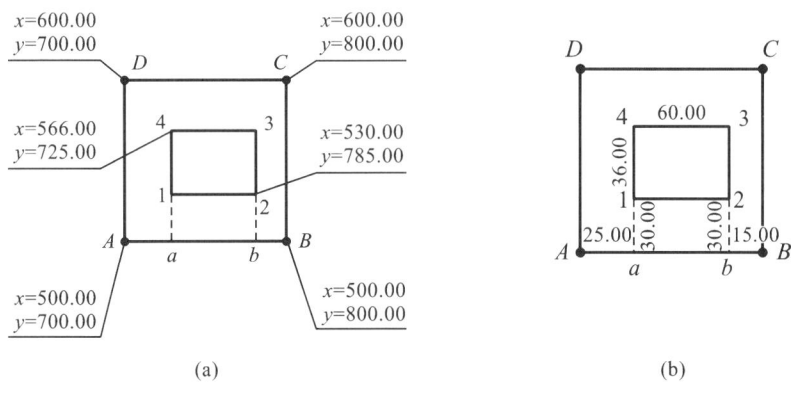

图 6-6　直角坐标法

(a)直角坐标法设计图纸;(b)直角坐标法测设数据

6.3.2　极坐标法

极坐标法是指在控制点上,根据已知边测设一个已知角度定出某一方向线,并在该方向线上测设一段已知距离,从而确定点的平面位置的方法。极坐标法适用于已有控制点和待测设点距离较近且便于量距的情况;若使用全站仪测设则不受上述条件的限制,可见,利用全站仪的极坐标测设法更为简便和灵活,广泛应用于各种工程施工中。如图 6-7 所示,A、B 点是已知测量控制点,其坐标分别为 (x_A,y_A)、(x_B,y_B),P 点是待放样点,其坐标为 (x_P,y_P),可通过设计图纸查得。现欲将 P 点测设于实地,测设步骤如下。

(1)按下列公式计算测设数据 β 和 D_{AP},即

$$\alpha_{AB} = \arctan \frac{y_B - y_A}{x_B - x_A}$$

$$\alpha_{AP} = \arctan \frac{y_P - y_A}{x_P - x_A}$$

$$\beta = \alpha_{AB} - \alpha_{AP}$$

$$D_{AP} = \sqrt{(x_P - x_A)^2 + (y_P - y_A)^2}$$

(2)测设操作方法:在 A 点安置经纬仪,瞄准 B 点,逆时针测设水平角 β,定出 AP 方向线,沿此方向线自 A 点出发,测设水平距离 D_{AP},定出 P 点。

(3)利用 P 点与周围其他点的关系,检核 P 点的位置是否准确。

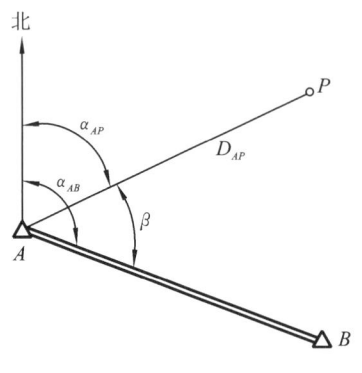

图 6-7 极坐标法

6.3.3 角度交会法

角度交会法是根据测设角度所定的方向线相交定出点平面位置的方法,适用于待测设点距离控制点较远或者不便于测设距离的场合。为了提高放样精度,通常在三个控制点上进行测角交会定点。如图 6-8(a)所示,A、B、C 是已知测量控制点,其坐标分别为 (x_A,y_A)、(x_B,y_B)、(x_C,y_C),P 点是待放样点,其坐标为 (x_P,y_P),可通过设计图纸查得。现欲将 P 点测设于实地,测设步骤如下。

(1)计算测设数据 β_1、β_2 和 β_3,首先根据坐标反算公式计算出各边的坐标方位角,然后按照图形中的角度关系即可求出 β_1、β_2 和 β_3。

(2)测设操作方法:在 A、B、C 三个控制点各安置一台经纬仪,分别测设水平角 β_1、β_2 和 β_3,在地面上定出三条方向线,其交点即为 P 点的位置。由于测设误差的影响,三条方向线并没有相交于一点,而是形成一个示误三角形,如图 6-8(b)所示。若示误三角形的最大边长满足一定的要求,则取三角形的中心作为最终的 P 点位置。

(3)利用 P 点与周围控制点的关系,检核 P 点的位置是否准确。

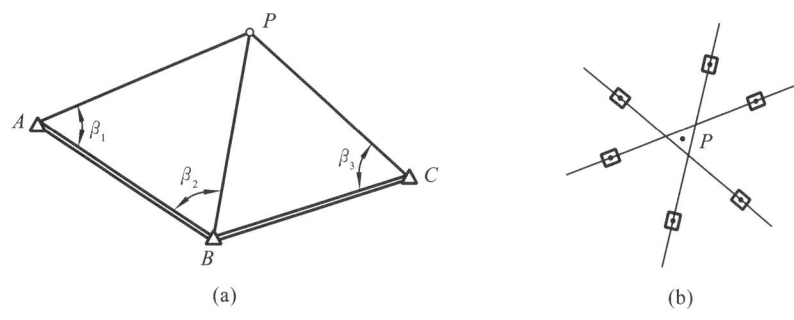

图 6-8　角度交会法

(a)角度交会法测设点的平面位置；(b)示误三角形

6.3.4　距离交会法

距离交会法是在两个控制点上分别测设已知的距离相交定出点平面位置的方法，适用于地势平坦、量距方便、测设距离不超过钢尺整尺长的场合。如图 6-9 所示，A、B 点是已知测量控制点，其坐标分别为(x_A, y_A)、(x_B, y_B)，P 点是待放样点，其坐标为(x_P, y_P)，可通过设计图纸查得。现欲将 P 点测设于实地，测设步骤如下。

（1）计算测设数据 D_{AP} 和 D_{BP}，即

$$D_{AP} = \sqrt{(x_P - x_A)^2 + (y_P - y_A)^2}$$

$$D_{BP} = \sqrt{(x_P - x_B)^2 + (y_P - y_B)^2}$$

（2）测设操作方法：以 A 点为圆心，以 D_{AP} 为半径，用钢尺在地面上画弧；以 B 点为圆心，以 D_{BP} 为半径，用钢尺在地面上画弧，两条弧线的交点即为 P 点。

（3）利用 P 点与周围控制点的关系，检核 P 点的位置是否准确。

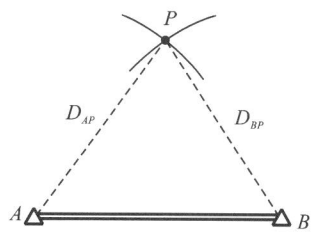

图 6-9　距离交会法

6.4　工程点位高程位置的测设

若已知水准点与待测设点之间的高差不大，可采用前述方法直接测设出其高程标志线；当两者高差相差较大时，则需要引测高程。测设的高程点可能是相互独立的，也可能位于某个水平面上或某一条坡度线上，测设的方法有所差异。

6.4.1　点的高程传递

当已知水准点与待测设点之间的高差相差较大时，无法同时读出已知点和待测设点上的水准尺读数，故仅用水准尺无法测设待定点的高程，此时可采用高程传递法。图 6-10 是

深基坑的高程传递示意图,已知地面水准点 A 点的高程为 H_A,欲使深基坑内 B 点的高程为设计高程 $H_设$。测设时,首先在基坑一侧架设一吊杆,将钢尺的末端固定在吊杆上,钢尺的零端向下并吊一质量为 10 kg 的重锤,此时钢尺处于铅垂状态;然后在地面和基坑内各安置一台水准仪,分别读取水准尺和钢尺上的读数。设地面水准点 A 点所立水准尺读数为 a,地面水准仪在钢尺上的读数为 b,基坑内水准仪在钢尺上的读数为 c,则 B 点尺上应读前视读数为

$$d_应 = (H_A + a) - (b - c) - H_设$$

此时,可按照 $d_应$ 测设出 B 点的高程标志线。为了便于检核,可将钢尺位置变动 10～20 cm,按上述方法重新测设得到 B 点的高程标志线,两次测设的高程标志线不应超过规定的限差。

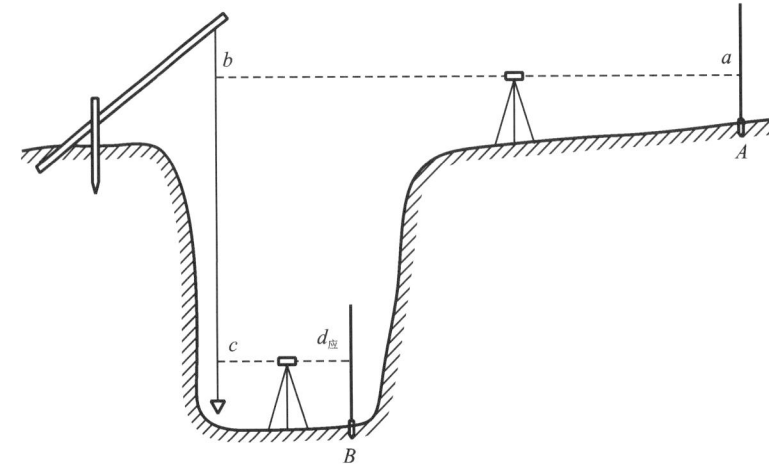

图 6-10 点的高程传递

6.4.2 测设水平面

测设水平面也称抄平。如图 6-11 所示,已知地面水准点 A 的高程为 H_A,各待测设点的平面位置已用木桩标定在地面上,现欲使各点的高程均为 $H_设$。测设时,在已知水准点 A 和待测设点之间安置水准仪,设 A 点水准尺的读数为 a,由此计算出水准仪的视线高程 H_i,即

$$H_i = H_A + a$$

根据各木桩的设计高程 $H_设$,可得各木桩上水准尺的读数为

$$b_应 = H_i - H_设$$

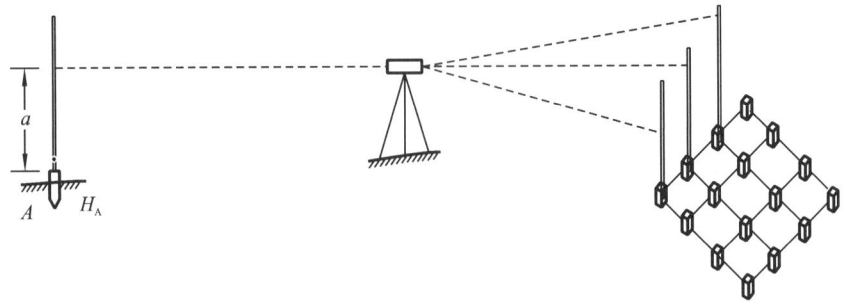

图 6-11 测设水平面

按照 $b_应$ 依次测设出各木桩的高程标志线,此时,各木桩的高程标志线就构成一个水平面。最后还应检核测设精度是否满足要求。

6.4.3　测设坡度线

测设坡度线就是根据施工现场已知水准点的高程,设计坡度和坡度线端点的设计高程,用高程测设的方法将坡度线上各点的设计高程标定在地面的测量工作。它常用于道路、管线等线状工程的施工放样中,测设方法可分为水平视线法和倾斜视线法。

1. 水平视线法

如图 6-12 所示,E 点是已知水准点,其高程为 H_E,A、B 点是设计坡度线的两端点,设计高程分别为 H_A 和 H_B,在 AB 方向上,每隔一定的距离 d 打入一木桩,要求在木桩上标出坡度为 i 的坡度线,测设步骤如下。

①在 AB 方向上,按桩距 d 标定出中间的 1、2、3 各点。

②计算各桩点的设计高程。

第 1 点的设计高程为

$$H_1 = H_A + i \times d$$

第 2 点的设计高程为

$$H_2 = H_1 + i \times d$$

第 3 点的设计高程为

$$H_3 = H_2 + i \times d$$

B 点的设计高程为

$$H_B = H_3 + i \times d \quad \text{或} \quad H_B = H_A + i \times D_{AB}（用于计算检核）$$

计算时,坡度 i 应连同其符号一并带入公式计算。

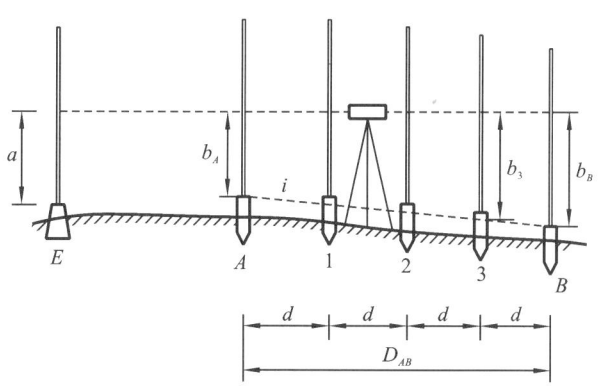

图 6-12　水平视线法测设坡度线

③将水准仪安置在已知水准点 E 点附近,读取 E 点水准尺的后视读数 a,计算出水准仪的视线高程,即 $H_i = H_E + a$;根据各桩点的设计高程,分别计算出各桩点水准尺上的应读前视读数,即 $b_应 = H_i - H_设$。

④将水准尺紧贴各木桩侧面并上下移动,当水准仪中的读数恰好是前视读数 $b_应$ 时,水准尺底端对应的位置即为测设的高程标志线。

2. 倾斜视线法

如图 6-13 所示,A、B 点是设计坡度线的两端点,A 点的设计高程为 H_A,A、B 两点的水

平距离为 D_{AB}，要求在 AB 方向上，测设坡度为 i 的坡度线，测设步骤如下。

①计算 B 点的设计高程，即

$$H_B = H_A + iD_{AB}$$

②按照已知高程的测设方法，将 A、B 两端点的设计高程标定在地面木桩上。

③将水准仪安置在 A 点，并使任意两个脚螺旋的连线垂直于 AB，量取仪器高 v，旋转第三个脚螺旋或微倾螺旋，使十字丝横丝在 B 点水准尺上的读数等于仪器高 v，此时，仪器的视线与设计的坡度线平行。

④分别将水准尺紧贴 1、2、3 点的木桩侧面并上下移动，当尺上读数为仪器高 v 时，沿尺底在木桩上画一红线，各桩上红线的连线就是设计的坡度线。

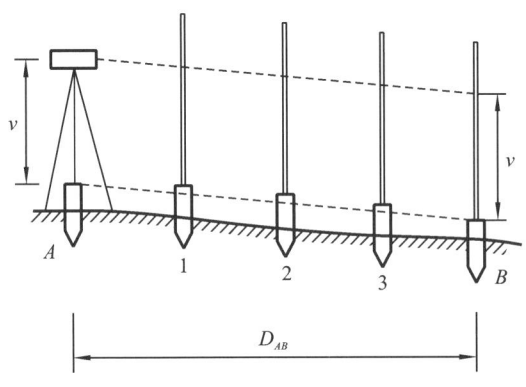

图 6-13　倾斜视线法测设坡度线

【思考题与习题】

1. 什么是施工测量？施工测量有哪些特点？施工测量的内容是什么？

2. 简述已知水平距离的测设方法。

3. 简述已知水平角的测设方法。

4. 简述采用视线高法测设已知高程的方法。

5. 简述测设坡度线的方法。

项目七 地形图的识读和应用

>>> **学习目标** ......

1. 了解地形图的基本知识和图例及地形图的识读;
2. 熟悉地物符号的分类和地形图在工程建设中的应用;
3. 掌握等高线、等高距、等高线平距、坡度的概念;掌握地形图的基本应用。

7.1 地形图的基本知识

地形图是控制测量和碎部测量的综合结果,图根控制网建立好之后,就可以根据控制点进行碎部测量,把地面上的地物(人工和自然形成的物体)和地貌(地面高低起伏的形态)测绘到图纸上。碎部测量就是测定地物轮廓转折点和地貌的特征点位置,然后按规定的符号进行描绘,最后形成地形图的过程。

7.1.1 地形图比例尺

地形图上任意一线段的长度与地面上相应线段的实际水平长度之比,称为地形图的比例尺。常见的比例尺分为数字比例尺和图示比例尺两种。

数字比例尺一般用分子为 1 的分数形式表示。设图上某一直线的长度为 d,地面上相应线段的水平长度为 D,则图的比例尺为

$$\frac{d}{D} = \frac{1}{D/d} = \frac{1}{M}$$

式中,M 为比例尺分母。当图上 1 cm 代表地面上水平长度 10 m(即 1000 cm)时,比例尺就是 1/1000。由此可见,分母 1000 就是将实地水平长度缩绘在图上的倍数。

比例尺的大小是以比例尺的比值来衡量的,分数值越大(分母 M 越小),比例尺越大。在实际工作中通常将比例尺书写成比例式的形式,如 1/500、1/1000、1/2000,一般书写为 1∶500、1∶1000、1∶2000。

[例 7-1] 在比例尺为 1∶1000 的图上,量得两点间的长度为 2.6 cm,求其相应的水平距离。

解 $D = Md = 1000 \times 0.026 = 26$(m)

[例 7-2] 实地水平距离为 26 m,试求其在比例尺为 1∶1000 的图上相应长度。

解 $d = \dfrac{D}{M} = \dfrac{26}{1000} = 0.026$(m)

通常称 1∶1000000、1∶500000、1∶200000 为小比例尺地形图;1∶100000、1∶50000 和 1∶25000 为中比例尺地形图;1∶10000、1∶5000、1∶2000、1∶1000 和 1∶500 为大比例尺地形图。建筑类各专业通常使用大比例尺地形图。按照地形图图式规定,比例尺书写在图幅下方正中处。

为了用图方便,以及减少由于图纸伸缩而引起的误差,在绘制地形图时,常在图上绘制图示比例尺。最常见的图示比例尺是直线比例尺。如图 7-1 所示,1∶500 的图示比例尺,绘制时先在图上绘两条平行线,再把它分成若干相等的线段,称为比例尺的基本单位,一般为 2 cm;将左端的一段基本单位又分成十等份,每等份的长度相当于实地 2 m。而每一基本单位所代表的实地长度为 2 cm×500＝10 m。

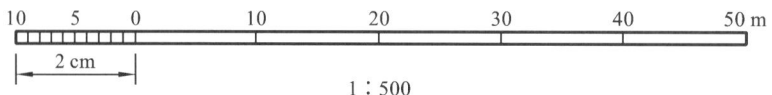

$$1∶500$$

图 7-1 直线比例尺

7.1.2 比例尺精度

一般认为,人用肉眼在图上能分辨的最小距离为 0.1 mm,因此地形图上 0.1 mm 所代表的实地水平距离称为比例尺精度,即

$$比例尺精度＝0.1 mm×M$$

式中 M——比例尺分母。

比例尺大小不同,比例尺精度不同,常用大比例尺地形图的比例尺精度如表 7-1 所示。

表 7-1 比例尺精度

比例尺	1∶500	1∶1000	1∶2000	1∶5000	1∶10000
比例尺精度/m	0.05	0.1	0.2	0.5	1.0

比例尺精度的概念有两个作用,一是根据比例尺精度,确定实测距离应准确到什么程度。例如:选用 1∶2000 比例尺测地形图时,比例尺精度为 0.1×2000 m＝0.2 m,测量实地距离最小为 0.2 m,小于 0.2 m 的长度,图上就无法表示出来。二是按照测图需要表示的最小长度来确定采用多大的比例尺地形图。例如:要在图上表示出 0.2 m 的实际长度,则选用的比例尺应不小于 0.1/(0.2×1000)＝1/2000。

比例尺越大,表示地物和地貌的情况越详细,精度越高。但是必须指出,同一测区,采用较大比例尺测图的工作量和投资往往比采用较小比例尺测图要增加数倍,因此采用哪一种比例尺测图,应从工程规划、施工实际需要的精度出发,不应盲目追求更大比例尺的地形图。在城市和工程的规划、设计和施工阶段中,可参照表 7-2 选择不同比例的地形图。

表 7-2 不同比例尺地形图的用途

比例尺	用 途
1∶10000	城市管辖区范围的基本地形图,一般用于城市总体规划、厂址选择、区域布局、方案比较等
1∶5000	
1∶2000	城市郊区基本地形图,一般用于城市详细规划及工程项目的初步设计等
1∶1000	小城市、城镇街区基本地形图,一般用于城市详细规划、管理和工程项目的施工图设计等
1∶500	大、中城市城区基本地形图,一般用于城市详细规划、管理、地下工程竣工图和工程项目的施工图设计等

7.1.3 地形图的图名、图号、图廓及接图表

1. 图名和图号

图名即本幅图的名称,是以所在图幅内最著名的地名、厂矿企业和村庄的名称来命名的。为了区别各幅地形图所在的位置关系,每幅地形图上都编有图号。图号是根据地形图分幅和编号方法编定的,并把它标注在图廓上方的中央,如图 7-2 所示。

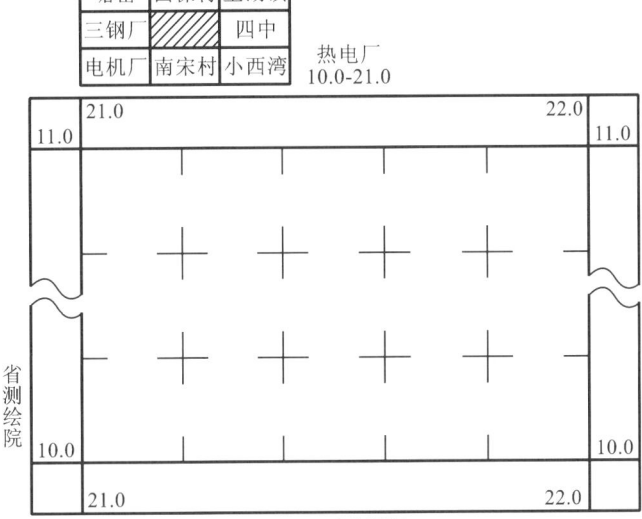

图 7-2 大比例尺地形图图名、接图表和图廓

为了测绘、管理、使用方便,各种比例尺地形图要有统一的分幅和编号。地形图的分幅方法分为两大类:一类是按经纬线分幅的梯形分幅法(又称为国际分幅法),即每一个图幅是一个梯形,上下底边以纬线为界,两侧边线以经线为界。梯形分幅法主要用于中、小比例尺的地形图。另一类是按坐标格网分幅的矩形分幅法,主要用于大比例尺的地形图。

本章主要介绍适用于大比例尺地形图的矩形分幅法。它是按统一的直角坐标格网划分的,图幅大小如表 7-3 所示。

表 7-3 大比例尺的图幅大小

比 例 尺	图幅尺寸/cm	实地面积/km²	1∶5000 图幅内分幅数
1∶5000	40×40	4	1
1∶2000	50×50	1	4
1∶1000	50×50	0.25	16
1∶500	50×50	0.0625	64

大比例尺地形图矩形分幅的编号方法如下。

①图幅西南角坐标千米数编号法。

如图 7-3 所示 1∶5000 图幅西南角的坐标 $X=32.0$ km,$Y=56.0$ km,因此,该图幅编号

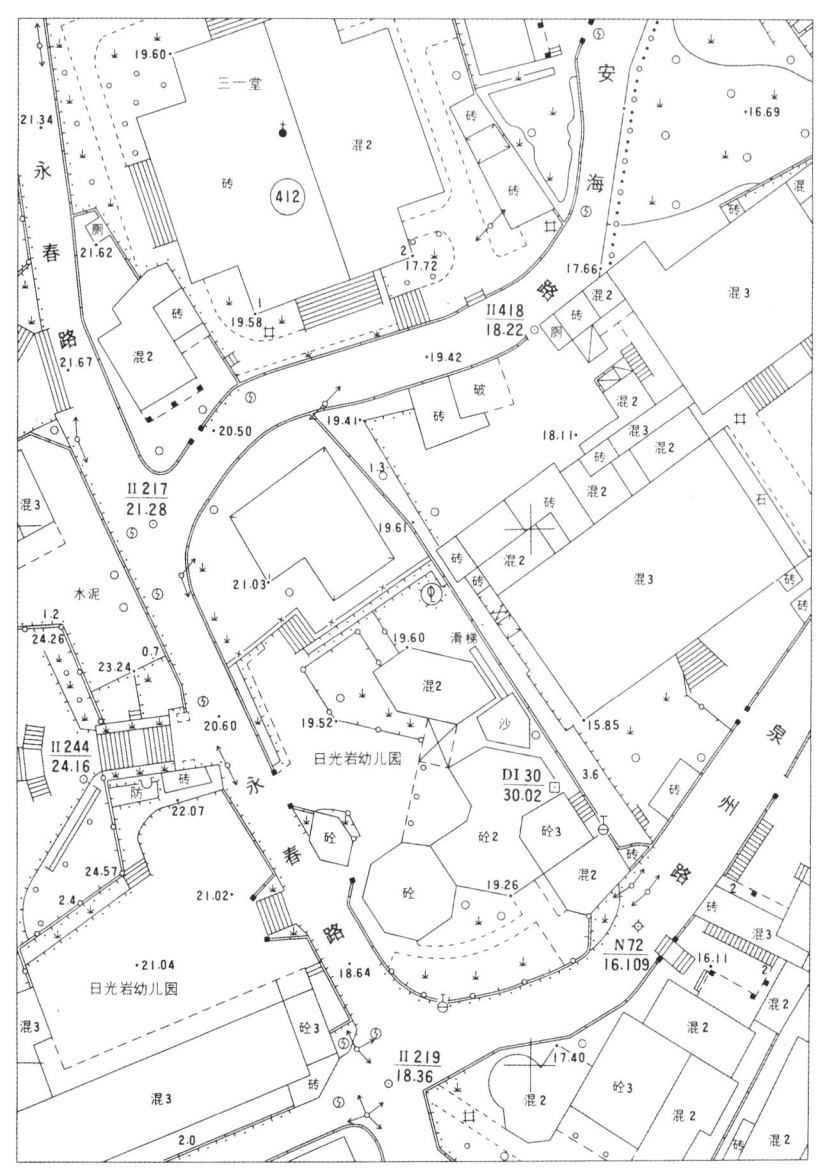

图 7-3 某城市居民区 1∶500 比例尺地形图

为"32-56"。编号时,对于 1∶5000 取至 1 km,对于 1∶1000、1∶2000 取至 0.1 km,对于 1∶500取至 0.01 km。

②以 1∶5000 编号为基础并加罗马数字的编号法。

如图 7-4 所示,以 1∶5000 地形图西南角坐标千米数为基础图号,后面再加罗马数字 Ⅰ、Ⅱ、Ⅲ、Ⅳ组成。一幅 1∶5000 地形图可分成 4 幅 1∶2000 地形图,其编号分别为 32-56-Ⅰ、32-56-Ⅱ、32-56-Ⅲ及 32-56-Ⅳ。一幅 1∶2000 地形图又分成 4 幅 1∶1000 地形图,其编号为 1∶2000 图幅编号后再加罗马数字Ⅰ、Ⅱ、Ⅲ、Ⅳ。1∶500 地形图编号按同样方法编号。注意罗马数字Ⅰ、Ⅱ、Ⅲ、Ⅳ排列均是先左后右,自上而下,不是顺时针排列。

③数字顺序编号法。

带状测区或小面积测区,可按测区统一用数字进行编号,一般从左到右,而后从上到下

32~56
34
33
32
56
57
58
32-56-Ⅰ
(1∶2000)
32-56-Ⅱ
(1∶2000)
32-56-Ⅲ
(1∶2000)
32-56-Ⅳ-Ⅰ
(1∶1000)
32-56-Ⅳ-Ⅱ
(1∶1000)
32-56-Ⅳ-Ⅳ
(1∶1000)
Ⅰ
Ⅱ
Ⅲ
Ⅳ
32-56-Ⅳ-Ⅲ-Ⅲ
(1∶500)

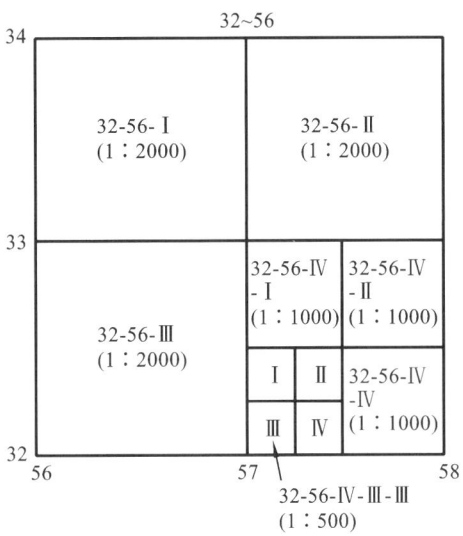

图 7-4　大比例尺地形图矩形分幅

用数字 1,2,3,4,……编排,如图 7-5 所示,其中“新镇-8”为测区新镇的第 8 幅图编号。

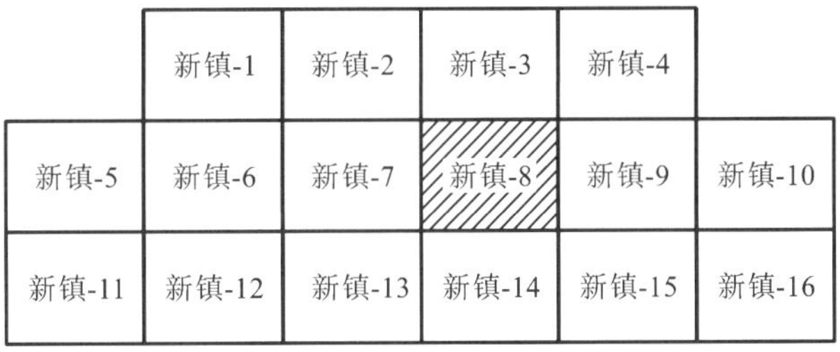

新镇-1
新镇-2
新镇-3
新镇-4
新镇-5
新镇-6
新镇-7
新镇-8
新镇-9
新镇-10
新镇-11
新镇-12
新镇-13
新镇-14
新镇-15
新镇-16

图 7-5　数字顺序编号法

④行列编号法。

行列编号法的横行是指以 A、B、C、D……编排,由上到下排列;纵列以数字 1、2、3……从左到右排列来编排。编号是“行号-列号”,如图 7-6 所示,“C-4”为其中 3 行 4 列的一图幅编号。

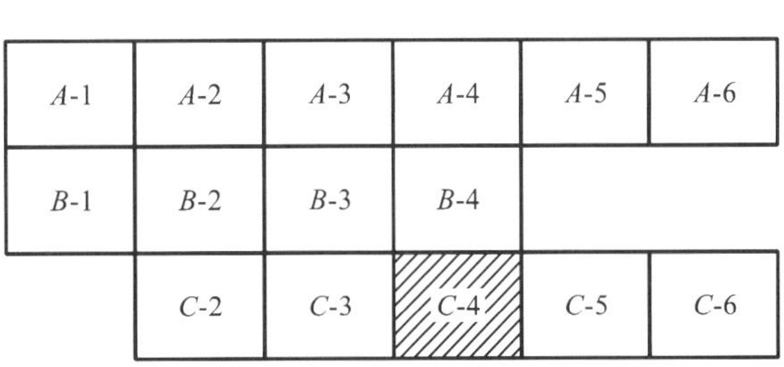

A-1
A-2
A-3
A-4
A-5
A-6
B-1
B-2
B-3
B-4
C-2
C-3
C-4
C-5
C-6

图 7-6　行列编号法

2. 图廓

图廓是地形图的边界,矩形图幅只有内、外图廓之分。内图廓就是坐标格网线,也是图幅的边界线。在内图廓外四角处注有坐标值,并在内廓线内侧,每隔 10 cm 绘有 5 mm 的短线,表示坐标格网线的位置。在图幅内绘有每隔 10 cm 的坐标格网交叉点。外图廓是最外边的粗线,仅起装饰的作用。

内图廓以内的内容是地形图的主要信息,包括坐标网格或经纬网、地物符号、地貌符号和注记。比例尺大于 1：100000 的地形图只绘制坐标格网。

外图框以外的内容是为了充分反映地形图特性和为了用图方便而布置在外图廓以外的各种说明、注记,统称为说明资料。在外图廓以外还有一些内容,如图示比例尺、三北方向、坡度尺等,它们是为了便于在地形图上进行量算而设置的各种图解,称为量图图解。

在城市规划以及给排水线路等设计工作中,有时需用 1：10000 或 1：25000 的地形图。这种图的图廓有内图廓、分图廓和外图廓之分。内图廓是经线和纬线,也是该图幅的边界线。内、外图廓之间为分图廓,为若干段黑白相间的线条,每段黑线或白线的长度,表示实地经差或纬差 1′。分图廓与内图廓之间,注记了以千米为单位的平面直角坐标值(如图 7-7 所示)。

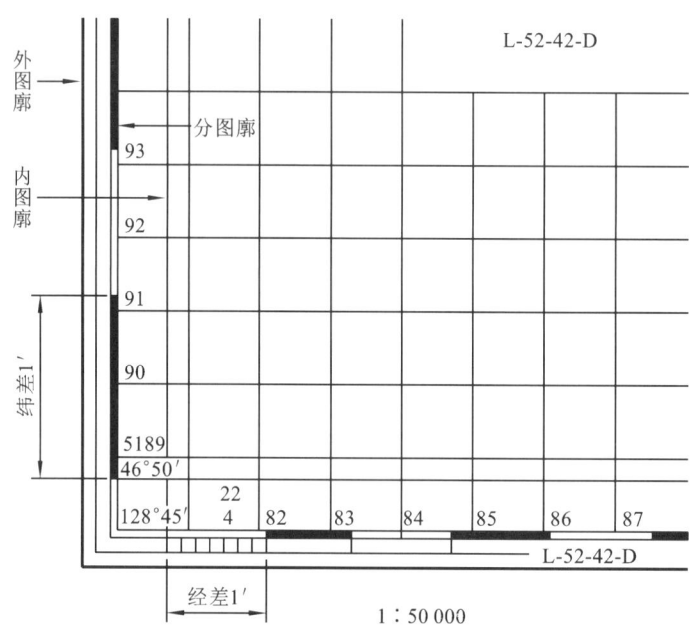

图 7-7　梯形图幅图廓

3. 三北方向关系图

在中、小比例尺图的南图廓线的右下方,还绘有真子午线、磁子午线和坐标纵轴(中央子午线)这三者之间的角度关系,称为三北方向图,如图 7-8 所示。该图中,磁偏角为 $-9°50′$(西偏),坐标纵轴对真子午线的子午线收敛角为 $-0°05′$(西偏)。利用该关系图,可对图上任一方向的真方位角、磁方位角和坐标方位角三者作相互换算。此外,在南、北内图廓线上,还绘有标志点 P 和 $P′$,该两点的连线即为该图幅的磁子午线方向,有了它,利用罗盘可将地形图进行实地定向。

4. 接图表

接图表的作用是说明本图幅与相邻图幅的关系,供索取相邻图幅时用。通常是中间一格画有斜线的代表本图幅,四邻分别注明相应的图号(或图名),并绘注在图廓的左上方(如图 7-2 所示)。在中比例尺各种图上,除了接图表以外,还把相邻图幅的图号分别注在东、西、南、北图廓线中间,进一步表明与四邻图幅的相互关系。

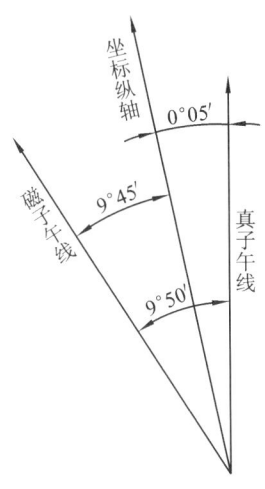

图 7-8　三北方向图

5. 其他注记

右上角密级，注明图纸的保密级别，左图廓外注明测绘单位，左下角注记测绘日期、采用的坐标系统、高程基准与地形图图式版本，在下图廓外中间注记本幅图比例尺。右下角注明测量员、绘图员、检查员的姓名。

7.2　地物符号

地形是地物和地貌的总称。地物是地面上天然或人工形成的物体，如湖泊、河流、房屋、道路、桥梁等。

地面上的地物与地貌，应按《国家基本比例尺地图图式　第 1 部分：1：500　1：1000　1：2000 地形图图式》(GB/T 20257.1—2017)中规定的符号表示在图形中。常用的地形图图式见表 7-4，图式中的符号分为地物符号、地貌符号和注记符号三种。其中地物符号分为比例符号、非比例符号、半比例符号和地物注记四种。

1）比例符号

地面上的建筑物、旱田等地物，按测图比例尺并用规定的符号缩绘在图纸上，称为比例符号。

2）非比例符号

有些地物，如导线点、消火栓等，无法按比例尺缩绘，只能用特定的符号表示其中心位置，称为非比例符号。

3）半比例符号

一些线状延伸的地物，如电力线、通信线等，其长度能按比例尺缩绘，而宽度不能按比例表示的符号，称为半比例符号。

4）地物注记

对地物用文字或数字加以注记和说明称为地物注记，如建筑物的结构和层数、桥梁的长宽与载重量、地名、路名等。

测定地物特征点后，应随即勾绘地物符号，如建筑物的轮廓用线段连接，道路、河流的弯曲部分须逐点连成光滑的曲线；消火栓、水井等地物可在图上标定其中心位置，待整饰时再绘规定的非比例符号。

表 7-4　地形图图式(摘录)

编号	符号名称	1:500	1:1000	1:2000	编号	符号名称	1:500	1:1000	1:2000
1	单幢房屋 a.一般房屋 b.有地下室的房屋				10	高压输电线 架空的 a.电杆			
2	台阶				11	配电线 架空的 a.电杆			
3	稻田 a.田埂				12	电力线附属设施 电杆			
4	旱地				13	围墙 a.依比例尺 b.不依比例尺			
5	菜地				14	栅栏、栏杆			
6	果园				15	篱笆			
7	草地 a.天然草地 d.人工草地				16	活树篱笆			
8	花圃、花坛				17	行树 a.乔木行树 b.灌木行树			
9	灌木林				18	街道 a.主干道 b.次干道 c.支路			

续表

编号	符号名称	1:500	1:1000	1:2000	编号	符号名称	1:500	1:1000	1:2000
19	内部道路				28	水塔 a.依比例尺 b.不依比例尺			
20	小路、栈道				29	水塔烟囱 a.依比例尺 b.不依比例尺			
21	三角点 a.土堆上的				30	亭 a.依比例尺 b.不依比例尺			
22	小三角点 a.土堆上的				31	旗杆			
23	导线点 a.土堆上的				32	路灯			
24	埋石图根点 a.土堆上的				33	高程点及其注记			
25	不埋石图根点				34	等高线 a.首曲线 b.计曲线 c.间曲线			
26	水准点				35	独立树 a.阔叶 b.针叶 c.棕榈、椰子、槟榔 d.果树 e.特殊树			
27	卫星定位等级点								

7.3　等高线基本知识

地貌是指地表的高低起伏状态。它包括山地、丘陵和平原等。在图上表示地貌的方法很多,而测量工作中通常用等高线表示地貌,本节将讨论通过等高线表示地貌的方法。

7.3.1　等高线、等高距、等高线平距、坡度及等高线分类

地面上高程相同的各相邻点所连成的闭合曲线,称为等高线(见图 7-9)。

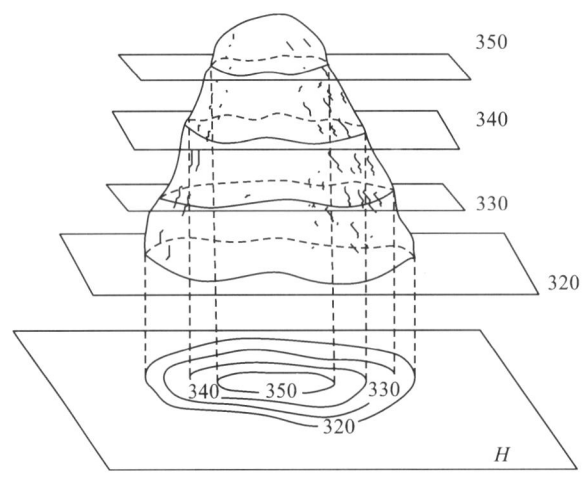

图 7-9　等高线

实际上水面静止时湖泊的水边缘线就是一条等高线,如图 7-9 所示,设想静止的湖水中有一岛屿,起初水面的高程为 320 m,因此高程为 320 m 的水准面与地表面的交线就是 320 m 的等高线;若水面上涨 10 m,则高程为 330 m 的水准面与地表面的交线即为 330 m 的等高线,依此类推。把这些等高线沿铅垂线方向投影到水平面上,再按比例尺缩绘于图上,便得到该岛屿地貌的等高线图。由此可见,地貌的形态、高程、坡度决定了等高线的形状、高程、疏密程度。因此,等高线图可以充分地表示地貌。

相邻等高线之间的高差称为等高距,一般用 h 表示,图 7-9 中,$h=10$ m。一般按测图比例尺和测区的地面坡度选择基本等高距。在同一幅地形图上,等高距是相同的。

相邻等高线之间的水平距离称为等高线平距,一般以 D 表示。等高线平距随地面坡度而异,陡坡平距小,缓坡平距大,均坡平距相等,倾斜平面的等高线是一组间距相等的平行线。

令 i 为地面坡度,则

$$i = \frac{h}{D} = \frac{h}{dM}$$

$$i = \tan \alpha = \frac{h}{dM}$$

式中　h——等高距;

　　　d——图上距离;

　　　D——实地距离;

　　M——图比例尺。

　　坡度用角度表示,即 α,坡度还常用百分率或千分率表示,即 i,上坡为正,下坡为负。

　　等高线的分类如图 7-10 所示。

　　首曲线:按规范规定的基本等高距描绘的等高线称为首曲线,用线宽为 0.15 mm 实线绘制。

　　计曲线:为了便于读图,每隔四条首曲线加粗的一条等高线称为计曲线,用线宽为 0.3 mm 实线绘制。在计曲线的适当位置注记高程,注记时等高线断开,字头朝向高处。

　　间曲线:在个别地方,为了显示局部地貌特征,可按 1/2 基本等高距用虚线加绘半距等高线,称为间曲线,用线宽为 0.15 mm 长虚线绘制。

　　助曲线:按 1/4 基本等高距用虚线加绘的等高线,称为助曲线,用线宽为 0.15 mm 短虚线绘制。

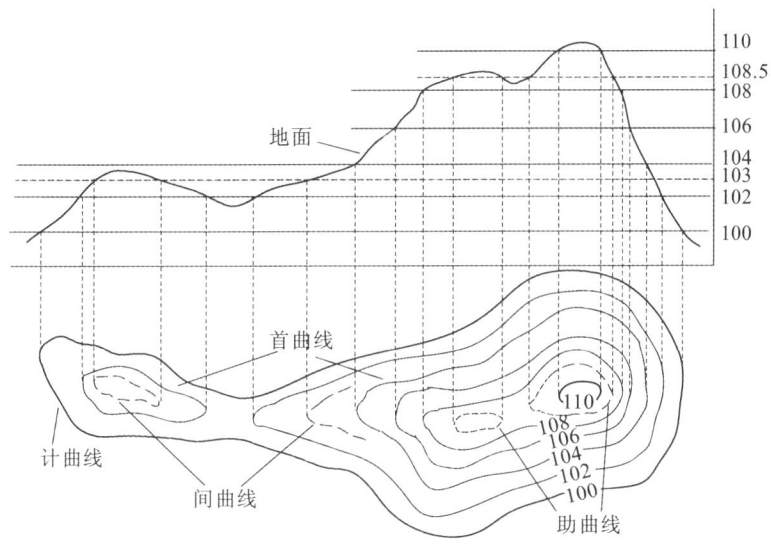

图 7-10　等高线的分类

7.3.2　几种典型地貌的等高线图

　　地貌尽管千姿百态,变化多端,但归纳起来不外乎由山头、洼地、山脊、山谷、鞍部等典型地貌组成,如图 7-11 所示。

　　1)山头和洼地

　　从图 7-12(a)、图 7-12(b)可知,山头(山顶)和洼地(凹地)的等高线是一组闭合的曲线,内圈等高线高程较外围高者为山头,反之为洼地,也可加绘示坡线(图中垂直于等高线的短线),示坡线的方向指向低处,一般绘于山头最高、洼地最低的等高线上。

　　2)山脊和山谷

　　如图 7-13 所示,沿着一个方向延伸的高地称为山脊,山脊的最高棱线称为山脊线或分水线。山脊的等高线是一组凸向低处的曲线。两山脊之间的凹地为山谷,山谷最低点的连线称为山谷线或集水线。山谷的等高线是一组凸向高处的曲线。地表水由山脊线向两坡分流,由两坡汇集于谷底沿山谷线流出。山脊线和山谷线统称为地性线,地性线对于阅读和使用地形图有着重要的意义。

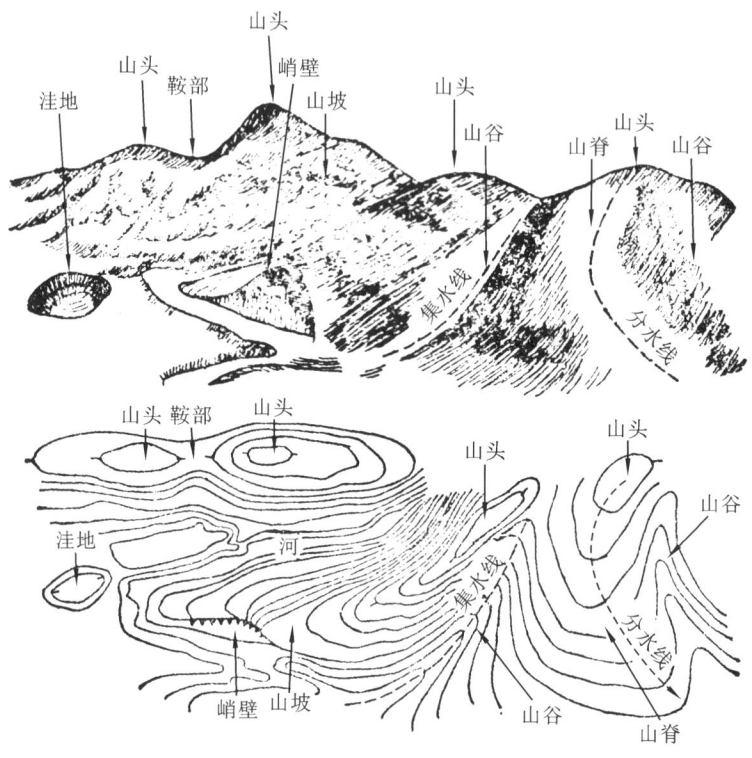

图 7-11　各种典型地貌

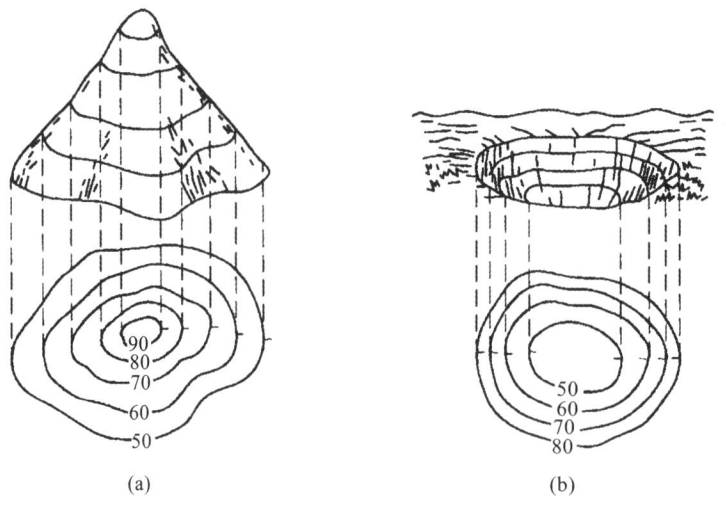

图 7-12　山头与洼地

(a)山头；(b)洼地

3）鞍部

山脊上相邻两山顶之间形如马鞍状的低凹部位为鞍部，其等高线常由两组山头和两组山谷的等高线组成，如图 7-14 所示。

4）陡崖和悬崖

近似于垂直的山坡称陡崖(峭壁、绝壁)，上部突出，下部凹进的陡崖称悬崖。陡崖等高

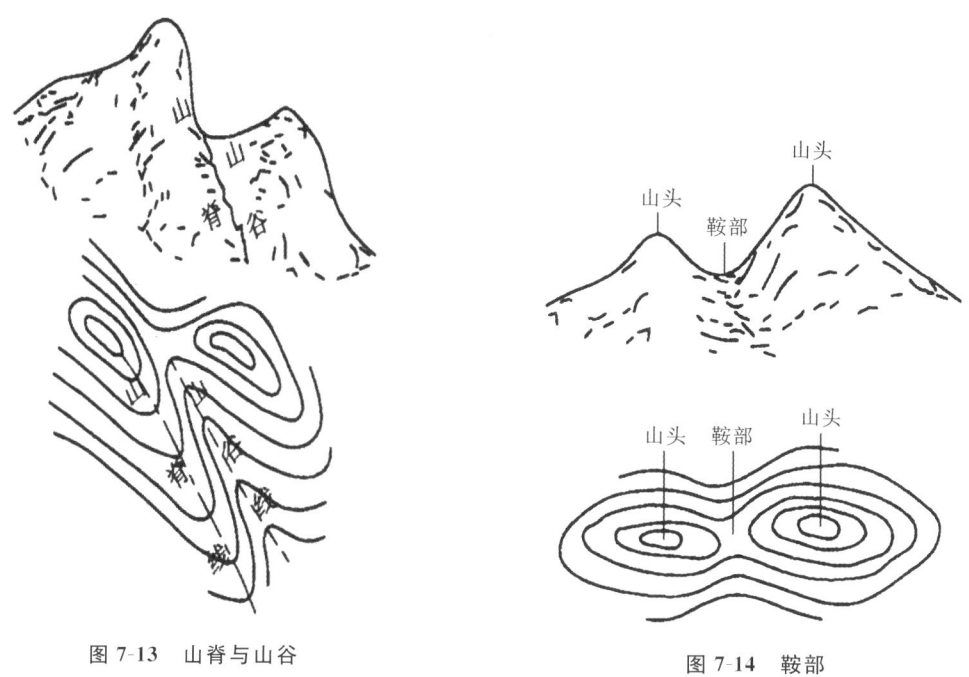

图 7-13　山脊与山谷

图 7-14　鞍部

线密集,用符号代替,如图 7-15(a)表示土质陡崖,图 7-15(b)表示石质陡崖。悬崖上部等高线投影到水平面时,与下部等高线相交,用虚线表示,如图 7-15(c)所示。

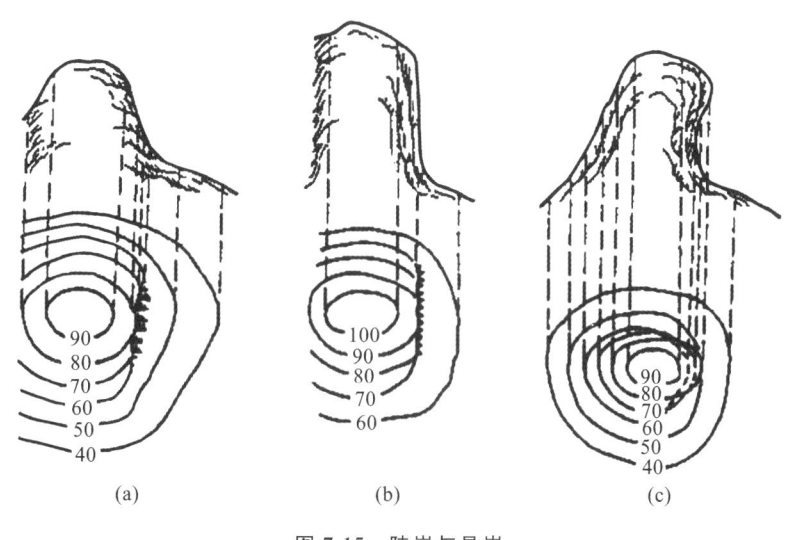

(a)　　　　　　　　　(b)　　　　　　　　　(c)

图 7-15　陡崖与悬崖

(a)土质陡崖;(b)石质陡崖;(c)悬崖

5)冲沟

冲沟是指地面长期被雨水急流冲蚀,逐渐深化而形成的大小沟壑。如果沟底较宽,沟内应绘等高线,如图 7-16 所示。

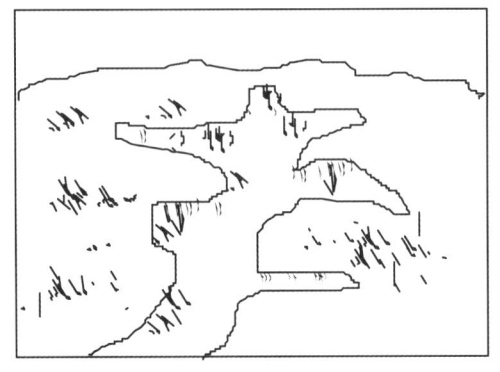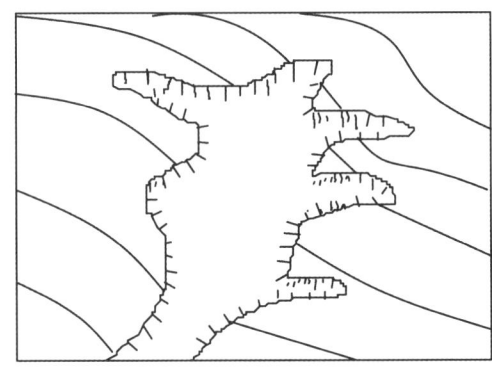

图 7-16 冲沟

7.3.3 等高线的特性

只有掌握等高线的特性,正确地使用地形图,才能合理地显示地貌,其特性有以下几点。

(1)等高性:同一条等高线上各点的高程都相等。

(2)闭合性:每条等高线(除间曲线、助曲线外)必须闭合,如不能在同一图幅内闭合,则在相邻其他图幅内闭合。

(3)非叠交性:等高线只在陡崖、悬崖处重叠或相交。

(4)密陡疏缓性:在同一张地形图上,等高线密处(平距小)为陡坡,疏处(平距大)为缓坡。

(5)正交性:等高线应垂直于山脊线或山谷线。

7.4 地形图的应用

7.4.1 地形图的识读

地形图上包含大量的自然、环境、社会、人文、地理等要素和信息,能够比较全面、客观地反映地面的情况。因此,地形图是国土整治、资源勘察、城乡规划、土地利用、环境保护、工程设计、矿藏采掘、河道整理等工作的重要资料。特别是在规划设计阶段,不仅要以地形图为底图进行总平面的布设,而且还要根据需要,在地形图上进行一定的量算工作,以便因地制宜地进行合理的规划和设计。

地形图用各种规定的图式符号和注记表示地物、地貌及其他有关资料。要想正确地使用地形图,首先要能熟读地形图。通过对地形图上符号和注记的阅读,可以判断地貌的自然形态和地物间相互关系,这也是地形图阅读的主要目的。在地形图阅读时,应注意以下几方面的问题。

1. 图廓外信息识读

图廓外信息主要有图的比例尺、坐标系统、高程系统、基本等高距、测图时间、测绘单位以及接图表。图 7-17 为沙湾村 1∶2000 比例尺地形图,图名下标注 20.0-15.0 表示该图的编号(采用图幅西南角坐标千米数编号法)。图幅左下角注明测绘日期是 1991 年 8 月,从而

凤岭	北口	化工厂
李村		岔口
乌山	南河	石门

沙　湾
20.0-15.0

1991年8月经纬仪测绘法测图
任意直角坐标系
1985年国家高程基准
等高距为2 m
1988年版图式

1∶2000

测量员　　王立
绘图员　　李红
检查员　　张琪

图 7-17　沙湾村 1∶2000 比例尺地形图

可以判定地形图的新旧程度。测图采用经纬仪测绘法,坐标系采用任意直角坐标系,即假定的平面直角坐标系,高程采用"1985 年国家高程基准"。内图廓四个角标注的数字是它的直角坐标值。图内的十字交叉线是坐标格网的交点。图幅左上角是接图表,通过它可了解相邻图幅的图名。

2. 熟悉图式符号

在地形图阅读前,首先要熟悉一些常用的地物符号的表示方法,区分比例符号、半比例和非比例符号的不同,以及这些地物符号和注记的含义。对于地貌符号要能根据等高线判断出各类地貌特征(例如山头、洼地、山脊、山谷、鞍部、峭壁、冲沟等),了解地形坡度变化。

3. 地物的识读

认识地物首先要查找居民地、道路与河流。图 7-17 图幅最大的居民地就是沙湾村。道路是大兴公路,该公路的西边通向李村,离李村 0.7 km。大兴公路从西北边的山脚出来,沿山脚向东南延伸。大兴公路在图中地段有两个分岔口，北边分岔口的分岔公路经过白沙河上的一座桥梁去化工厂，南边分岔公路去石门。沙湾村没有公路直通，但村西有大车路与公路相连。沙湾村南面有一条乡村小路通向南边的丘陵地。白沙河为本幅图内唯一的一条河流，河流两岸为平坦地，河北岸至沙湾村有大面积的菜地。河流南岸可能为耕地，图上未注明，或有尚待开发的荒地，此处与大兴公路最接近，开发潜力巨大。白沙河中间有境界符号，因此白沙河也是梅镇与高乐乡的分界线。

4. 地貌的识读

从图 7-17 中等高线形状、密集程度与高度可以看出，该地貌属于丘陵地。一般是先看计曲线再看首曲线的分布情况，了解等高线所表示的地性线及典型地貌。东部山脚至图边为缓坡地。丘陵地内有许多小山头，最高的山头为图根点 N4，其高程为 108.23 m，最低的等高线为 78 m。金山上有一个三角点高程为 104.13 m，从金山向东北方向延伸至图根点 N5 的山头，再下坡到大兴公路，是本图幅内的最长山梁。山梁的东边是缓坡地，已开垦为旱地。山梁的西北面为较长的山沟，从西南走向东北，谷底较宽，也已开垦为旱地。沙湾村南有一条乡村小路，向南延伸跨过公路到南面的山沟，沿沟边上山通过一个垭口抵达南面 96.12 m 的山头，并向西延伸。

7.4.2 地形图的基本应用

1. 求图上一点坐标

利用地形图进行规划设计，经常需要知道设计点的平面位置，它根据图廓坐标格网的坐标值来求出。如图 7-18 所示，欲确定图上 P 点坐标，首先绘出坐标方格 $abcd$，过 P 点分别作 x，y 轴的平行线与方格 $abcd$ 分别交于 m、n、f、g，根据图廓内方格网坐标可知

$$x_d = 21200 \text{ m}$$

$$y_d = 40200 \text{ m}$$

再按测图比例尺（1：2000）量得 dm、dg 的实际平长度为

$$D_{dm} = 120.2 \text{ m}$$

$$D_{dg} = 100.3 \text{ m}$$

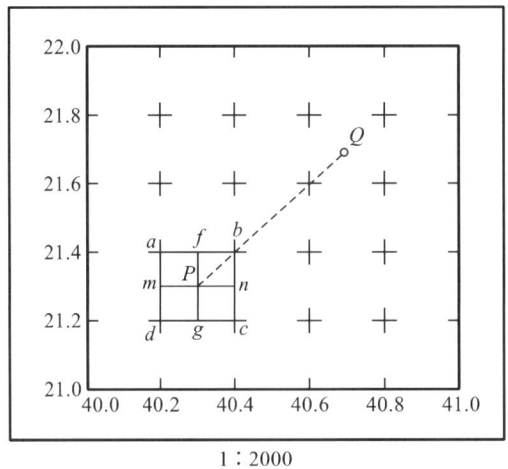

1：2000

图 7-18 1：2000 图坐标网格

则

$$x_P = x_d + D_{dm} = 21200 + 120.2 = 213320.2 \text{（m）}$$

$$y_P = y_d + D_{dg} = 40200 + 100.3 = 40300.3 \text{（m）}$$

如果为了检核量测的结果，并考虑图纸伸缩的影响，则还应量出 ma 和 gc 的长度。若 $(D_{dm} + D_{ma})$ 和 $(D_{dg} + D_{gc})$ 不等于坐标格网的理论长度 l（一般为 10 cm），即说明图纸发生变形。此时，为了精确求得 P 点的坐标值，应按下式计算：

$$x_P = x_d + \frac{l}{D_{da}} \cdot D_{dm} \cdot M$$

$$y_P = y_d + \frac{l}{D_{dc}} \cdot D_{dg} \cdot M$$

式中 M——地形图比例尺的分母。

2. 求图上一点的高程

对于地形图上一点的高程，可以根据等高线及高程注记确定。如该点正好在等高线上，可以直接从图上读出其高程，例如图 7-19 中 q 点高程为 64 m。如果所求点不在等高线上，根据相邻等高线间的等高线平距与其高差成正比例原则，按等高线勾绘的内插方法求得该点的高程。如图 7-19 所示，过 p 点作一条大致垂直于两相邻等高线的线段 mn，量取 mn 的图上长度 d_{mn}，然后再量取 mp 中的图上长度 d_{mp}，则 p 点高程为

$$H_p = H_m + h_{mp}$$

$$h_{mp} = \left(\frac{d_{mp}}{d_{mn}}\right) h_{mn}$$

式中，$h_{mn} = 1$ m，为本图幅的等高距，$d_{mp} = 3.5$ mm，$d_{mn} = 7.0$ mm，则

$$h_{mp} = \frac{d_{mp}}{d_{mn}} h_{mn} = \frac{3.5}{7.0} \times 1 = 0.5 \text{（m）}$$

$$H_p = 65 + 0.5 = 65.5 \text{（m）}$$

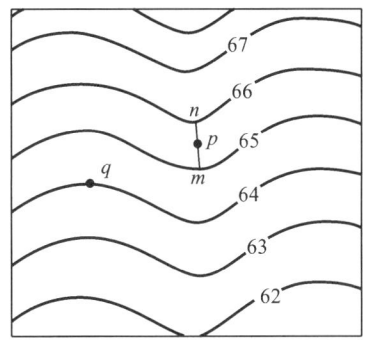

图 7-19　地形图上求点的高程

3. 求图上两点间的水平距离

若精度要求不高，可用毫米尺量取图上 P、Q 两点间距离，然后再按比例尺换算为水平距离，这样做受图纸伸缩的影响较大。

为了消除图纸变形的影响，首先，求出图上 P、Q 两点的坐标 (x_P, y_P)、(x_Q, y_Q)，如图 7-18 所示。然后，应根据两点的坐标计算水平距离，即按下式计算水平距离 D_{PQ}

$$D_{PQ} = \sqrt{(x_Q - x_P)^2 + (y_Q - y_P)^2}$$

4. 确定图上直线的坐标方位角

如图 7-20 所示,欲求直线 AB 的坐标方位角。首先求出图上 A、B 两点的坐标(x_A,y_A)、(x_B,y_B),然后,按照反正切函数,计算出直线 AB 坐标方位角,即

$$\alpha_{AB}=\arctan\frac{y_B-y_A}{x_B-x_A}$$

当直线 AB 距离较长时,按上式可取得较好的结果。

如果精度要求不高,也可以用图解的方法确定直线坐标方位角。首先过 A、B 两点精确地做坐标格网 X 方向的平行线,然后用量角器量测直线 AB 的坐标方位角。同一直线的正、反坐标方位角之差应为 $180°$。

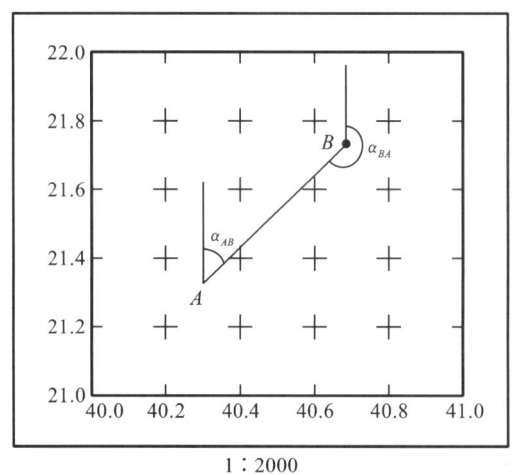

图 7-20 确定图上直线坐标方位角

5. 确定直线的坡度

设地面两点 m、n 间的水平距离为 D_{mn},高差为 h_{mn},则直线的坡度 i_{mn} 为其高差与相应水平距离之比,即

$$i_{mn}=\frac{h_{mn}}{D_{mn}}=\frac{h_{mn}}{d_{mn}\cdot M}$$

式中,D_{mn} 为地形图上 m、n 两点间的长度(以 mm 为单位),M 为地形图比例尺分母。坡度 i_{mn} 常以百分率表示。例如,图 7-19 中 m、n 两点间高差为 $h_{mn}=1.0$ m,量得直线 mn 的图上距离为 7 mm,并设地形图比例尺为 $1:2000$,则直线 mn 的地面坡度为 $i_{mn}=7.14\%$。

6. 根据地形图绘制指定方向的断面图

在工程设计中,经常要了解在某一方向上的地形起伏情况,例如公路、隧道、管道等的选线,可根据断面图设计坡度,估算工程量,确定施工方案。如图 7-21 所示,绘制 AB 方向的断面图方法如下。

①在 AB 线与等高线交点上标明序号,如图 7-21(a)中的 $1,2,\cdots,10$ 各点。

②如图 7-21(b)所示,绘一条水平线作为距离的轴线,绘一条垂线作为高程的轴线。为了突出地形起伏,选用高程比例尺为距离比例尺的 5 倍或 10 倍。

③将图 7-21(a)中 $1,2,\cdots,10$ 各点距 A 点的距离量出,并转绘于图 7-21(b)的距离轴线上。转绘时,一般情况下,断面图采用的距离比例尺与图上用的比例尺一致,必要时也可按其他适宜比例尺展绘。

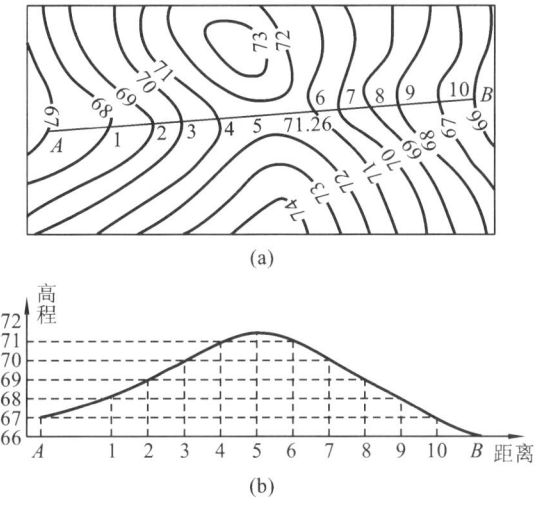

(a)

(b)

图 7-21 绘制 AB 方向的断面图

④在图 7-21(b)的高程轴线上,按选定的高程比例尺及 AB 线上等高线的高程范围,标出 66～72 m 高程点。

⑤在图 7-21(b)上,对应横坐标上 A,1,2,…,10,B 各点,在纵坐标上按高程比例尺取点,即得断面上的点,其中第 5 点落在鞍部处实测碎部点,高程为 71.6 m。

⑥将所得断面上相邻各点以圆滑曲线相连,即得 AB 方向的断面图。

7. 按规定坡度在地形图上选定最短路线

在做铁路、公路、管道等设计时,要求有一定的坡度限制。例如,要求在地形图上按规定坡度选择最短路线,方法如下。

在图 7-22 中,要求自 A 点(高程 38.0 m)向山头 B 点(高程 45.56 m)修一条路,允许最

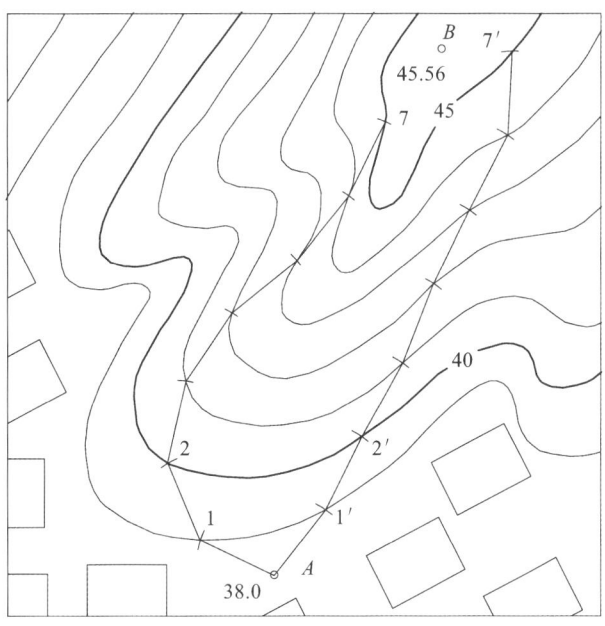

图 7-22 在地形图上选线

大坡度 i 为 8%,地形图比例尺为 1：1000,等高距 h 为 1 m,则路线跨过两条等高线所需的最短距离 D 可用坡度公式 $i=h/D$ 导出,$D=h/i=1/0.08$ m $=12.5$ m,化为图上长为 $d=12.5$ m$/1000=12.5$ mm。以 A 为圆心,d 为半径画弧交 39 m 等高线于 1 点;再以 1 点为圆心,d 为半径画弧交 40 m 等高线于 2 点;以此类推得 3,4,5,6,7 点。至此两条路线均尚未到达 B 点。但是,由于 B 点高程为 45.56 m,与 7 或 $7'$ 点所在等高线高程之差为 0.56 m,按 8% 坡度所需的最短实地距离 0.56 m$/0.08=7$ m,相应图上距离为 7 mm,而图上 $7'B$ 与 7B 量得距离都大于最短距离 7 mm,因此,这两条路均符合要求。

按上述方法选择路线,仅从坡度不超过 8% 来考虑。实际选线时,还须考虑其他因素,如地质条件、工程量大小、占用农田等问题做综合分析,才能最后确定路线。

8. 在地形图上确定汇水面积

在公路、铁路的勘测设计中,遇有跨越河流、山谷或深沟时,需要修建桥梁和涵洞。桥梁的跨度、涵洞的孔径与水流量有关,水量的大小又与该区域内汇集雨水和雪水的地面面积大小有关。某处能汇集到雨(雪)水的范围,该范围的面积称为汇水面积,其大小与该地区的降水量有关,这就为工程设计提供有关水量的依据。为了确定汇水面积的范围,须在地形图上画出汇水面积的边界,这个边界实际上是一系列分水线即山脊线的连线。汇水面积边界线的特点是:边界线是通过一系列山脊线连着各山头及鞍部的曲线,并与河道的指定断面形成闭合环线。如图 7-23 所示,A 处为公路跨越山谷的一座桥,桥的设计应考虑通过 A 处的流量,该处的汇水面积界线为从桥的西端起,经 B、C、D、E、F、G、H 回到桥的东端,形成汇水面积界线。

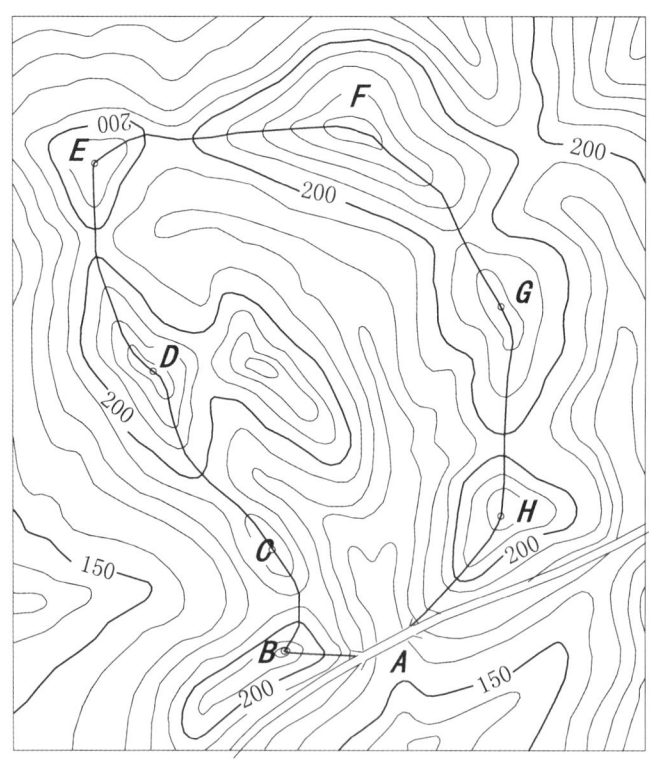

图 7-23　在地形图上确定汇水面积

7.4.3　地形图在工程建设中的应用

根据建筑设计要求,将拟建的建筑物场地范围内高低不平的地形整为平地,称为土地平整或称场地平整。场地平整的基本原则:总挖方与总填方大致相等,使场地内挖填基本平衡。此外,场地平整还要考虑满足总体规则、生产施工工艺、交通运输和场地排水等要求。利用地形图进行土地平整的方法有以下几种。

1. 方格网法

如图 7-24 所示,拟在地形图上将原地貌按填、挖土(石)方量平衡的原则,改造成某一设计高程的水平场地,然后估算填、挖土(石)方量,其具体步骤如下。

①在地形图上绘制方格网。

首先找一张大比例尺地形图,在拟建场地范围内打方格,如图 7-24 所示。方格网的网格大小取决于地形图的比例尺大小、地形的复杂程度以及土(石)方量估算的精度。方格的边长一般取为 10 m 或 20 m。本例方格的边长为 10 m。对方格进行编号,纵向(南北方向)用 A、B、C、D……进行编号,横向(东西方向)用 1、2、3、4……进行编号,因此,各边线方格点的编号为 $C1$、$C2$、$C3$ 等,如图 7-24 所示。

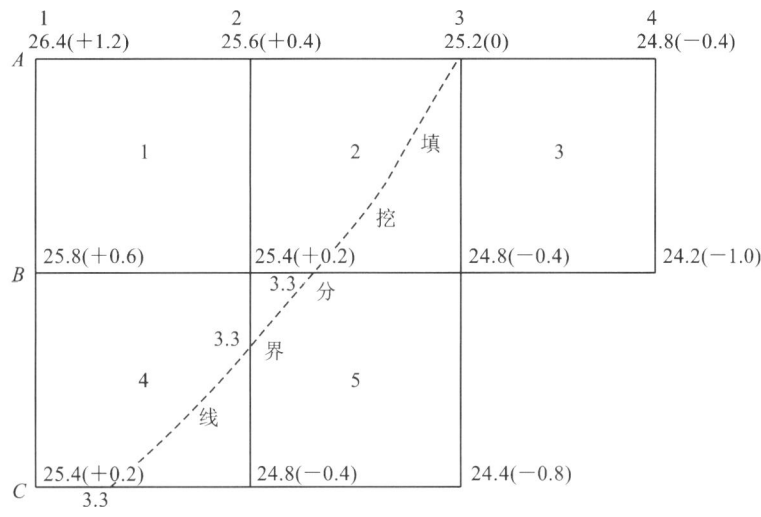

图 7-24　方格网法平整土地

②求各方格顶点的高程并计算设计高程。

为保证填、挖土(石)方量平衡,设计平面的高程应等于拟建场地内原地形的平均高程。根据地形图上的等高线内插求出各方格顶点的高程,并注记在相应方格顶点的左上方,如图 7-24 所示。然后,将每一方格顶点的高程相加除以 4,从而得到每一方格的平均高程,再把每个方格的平均高程相加除以方格总数,就得到拟建场地的设计平面高程 H。

$$第 1 方格平均高程 = (H_{A1} + H_{A2} + H_{B1} + H_{B2})/4$$
$$第 2 方格平均高程 = (H_{A2} + H_{A3} + H_{B2} + H_{B3})/4$$
$$\vdots$$
$$第 5 方格平均高程 = (H_{B2} + H_{B3} + H_{C2} + H_{C3})/4$$

所以平整土地总的平均高程 H_0 为 5 个方格平均高程再取平均,即

$$H_0 = \frac{1}{4n}\left[(H_{A1}+H_{A4}+H_{B4}+H_{C3}+H_{C1})+2(H_{A2}+H_{A3}+H_{C2}+H_{B1})+3H_{B3}+4H_{B2}\right]$$

分析设计高程 H_0 的公式可以看出:方格网的 $A1$、$A4$、$C1$、$C3$、$B4$ 的高程只用了一次,称为角点;$A2$、$A3$、$B1$、$C2$ 的高程用了 2 次,称为边点;$B3$ 的高程用了 3 次,称为拐点;而中间点 $B2$ 的高程用了 4 次,称为中点。因此,计算设计高程的一般公式为

$$H_0 = \frac{1}{4n}\left(\sum H_角 + 2\sum H_边 + 3\sum H_拐 + 4\sum H_中\right)$$

式中　$H_角$、$H_边$、$H_拐$、$H_中$——分别为角点、边点、拐点、中点的高程;

　　　n——方格总数。

将图 7-24 中方格网顶点的高程代入上式,计算出设计高程为 25.2 m。

③计算填、挖高度(施工量)。

根据设计高程和方格顶点的高程,可以计算出每一方格顶点的挖、填高度,即

$$挖、填高度 = 地面高程 - 设计高程$$

各方格顶点的挖、填高度写于相应方格顶点的右上方,正号为挖深,负号为挖高。挖、填高度又称施工量,见图 7-24 方格顶点旁括号内数值。

④确定填、挖界限。

当方格边上一端为填高,另一端为挖深,中间必存在不填不挖的点,称为零点(零工作点、填挖分界点),如图 7-25 所示。点 O 的位置由下式计算 x 值来确定:

$$x_1 = \frac{|h_1|}{|h_1|+|h_2|}l$$

式中　l——方格边长;

　　　$|h_1|$、$|h_2|$——分别为方格边两端点挖深、填高的绝对值;

　　　x_1——填、挖分界点距标有 h_1 方格顶点的距离。

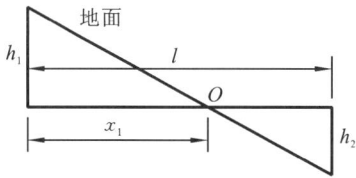

图 7-25　确定挖填分界线

本例 $B2 \sim B3$,$B2 \sim C2$ 及 $C1 \sim C2$ 三个方格边两端施工量正负号不同,必须在零点。按上式算得结果均为 3.3 m。根据求得的 x_1 值,在图上标出,参照地形顺滑连接各零点得到填、挖分界线,如图 7-24 中的虚线。施工前,在实地上撒上白灰以便施工。

⑤计算填、挖方量。

首先列表格(见表 7-5),填入所有方格顶点编号、挖深及填高,然后,各点按其性质,即角点、边点、拐点、中点分别进行计算,公式如下。

角点　　　　　　　　　　　$$V_角 = h_角 \times \frac{1}{4}S_格$$

边点　　　　　　　　　　　$$V_边 = h_边 \times \frac{2}{4}S_格$$

拐点　　　　　　　　　　　$$V_拐 = h_拐 \times \frac{3}{4}S_格$$

中点
$$V_{中} = h_{中} \times \frac{4}{4} S_{格}$$

最后,按挖方与填方分别求和,可求得总挖方量。计算过程列于表7-5。

表 7-5　挖方与填方土方计量表

点号	挖深/m	填高/m	点的性质	所代表面积/m²	挖方量/m³	填方量/m³
A1	+1.2		角	25	30	
A2	+0.4		边	50	20	
A3	0.0		边	50	0	
A4		−0.4	角	25		
B1	+0.6		边	50	30	
B2	+0.2		中	100	20	
B3		−0.4	拐	75		
B4		−1.0	角	25		
C1	+0.2		角	25	5	
C2		−0.4	边	50		20
C3		−0.8	角	25		20
				Σ	105	105

这种方法计算挖填方量简单,但精度较低。下面介绍另一种方法,精度较高,但计算量大。

该法特点是逐格计算挖方与填方量,遇到某方格内存在填、挖分界线时,则说明该方格既有挖方,又有填方,此时要求分别计算,最后再计算总挖方量与总填方量,本例第1方格全为挖方,其数值可用下式计算:

$$V_{1w} = \frac{1}{4}(1.2 + 0.4 + 0.6 + 0.2) \times 100 = 60(\text{m}^3)$$

第2方格既有挖方,又有填方,因此

$$V_{2w} = \frac{1}{4}(0.4 + 0 + 0 + 0.2) \times \frac{3.3 + 10}{2} \times 10 = 0.15 \times 66.5 = 9.98(\text{m}^3)$$

$$V_{2T} = \frac{1}{3}(0.4 + 0 + 0) \times \frac{6.7 \times 10}{2} = 0.13 \times 33.5 = 4.36(\text{m}^3)$$

第3方格只有填方,可求得:$V_{3T} = 45$ m³。

第4方格既有挖方,又有填方,可求得:$V_{4w} = 15.51$ m³,$V_{4T} = 2.92$ m³。

第5方格既有挖方,又有填方,可求得:$V_{5w} = 0.38$ m³,$V_{5T} = 30.26$ m³。

因此,$\sum V_w = 85.87$ m³,$\sum V_T = 82.54$ m³。

方格法计算简单,精度高,是建筑工程中使用最广泛的方法。

2. 断面法

断面法是以一组等距(或不等距)的相互平行的截面将拟整治的地形分成若干"段",计算这些"段"的体积,再将各段的体积累加,从而求得总的土方量。此法比较适合不太复杂、坡向相同的山坡地形场地的平整。

断面法的计算公式如下:

$$V = \frac{S_1 + S_2}{2} \times L$$

式中　S_1、S_2——分别为两相邻断面上的填土面积(或挖土面积);

L——两相邻断面的间距。

此法的计算精度取决于截取断面的数量,多则精,少则粗。断面法根据其取断面的方向不同,主要分为垂直断面法和水平断面法(等高线法)两种。

如图 7-26 所示 1:1000 地形图局部,$ABCD$ 是计划在山梁上拟平整场地的边线。设计要求:平整后场地的高程为 67 m,AB 边线以北的山梁要削成 1:1 斜坡。分别估算挖方和填方的土方量。

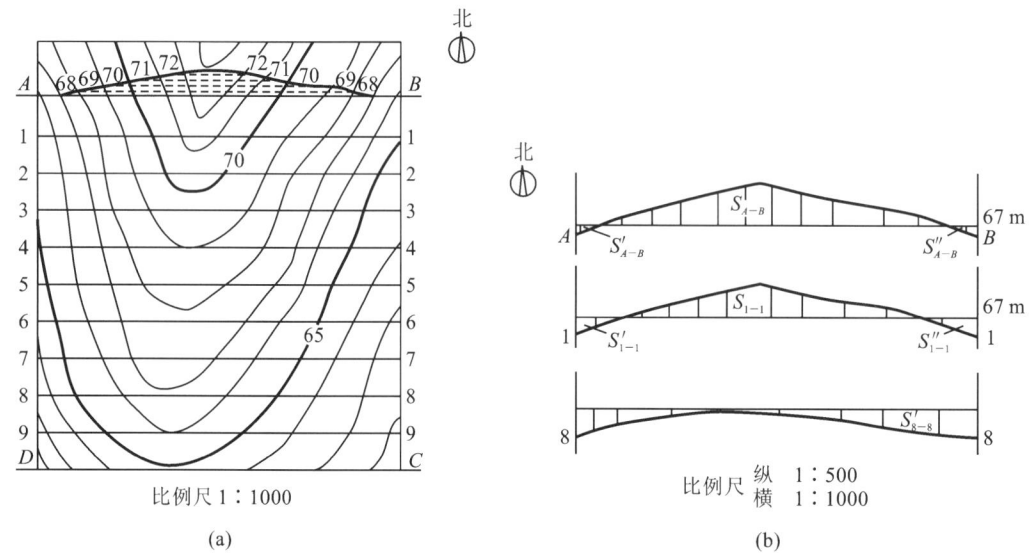

图 7-26　垂直断面法

(a)1:1000 地形图局部;(b)A-B、1-1、8-8 三个断面图

根据上述情况,将场地分为两部分来讨论。

①$ABCD$ 场地部分。

根据 $ABCD$ 场地边线内的地形图,每隔一定间距(本例采用的是图上 10 cm)画一垂直于左、右边线的截面图,图 7-26(b)为 A-B、1-1 和 8-8 的截面图(其他断面省略)。断面的起算高程定为 67 m,这样一来,在每个断面图上,凡是高于 67 m 的地面和 67 m 高程起草线所围成的面积即为该断面处的挖土面积,凡是低于 67 m 的地面和 67 m 高程起算线所围的面积即为该断面处的填土面积。

分别求出每一断面处的挖方面积和填方面积后,即可计算出两相邻断面间的填方量和挖方量。例如,A-B 断面和 1-1 断面间的填、挖方量分别为

$$V_{填} = V'_{填} + V''_{填} = \frac{S'_{A-B} + S'_{1-1}}{2} \times L + \frac{S''_{A-B} + S''_{1-1}}{2} \times L$$

$$V_{挖} = \frac{S_{A-B} + S_{1-1}}{2} \times L$$

式中　S'、S''——分别为断面处的填方面积;

S——断面处的挖方面积;

L——A-B 断面与 1-1 断面间的间距。

同法可计算出其他相邻断面间的土方量。最后求出 $ABCD$ 场地部分的总填方量和总挖方量。

②AB 线以北的山梁部分。

首先按与地形图基本等高距相同的高差和设计坡度,算出所设计斜坡的等高线间的水平距离。在本例中,基本等高距为 1 m,所设计斜坡的坡度为 1∶1,所以设计等高线间的水平距离为 1 m,按照地形图的比例尺,在边线 AB 以北画出这些彼此平行且等高距为 1 m 的设计等高线,如图 7-26(a)中 AB 边线以北的虚线所示。每一条斜坡设计等高线与同高的地面等高线相交的点,即为零点。把这些零点用光滑的曲线连接起来,即为不填不挖的零线。在零线范围内,就是需要挖土的地方。

为了计算土方量,需画出每一条设计等高线处的断面图,如图 7-27 所示,画出了 68-68 和 69-69 两条设计等高线处的断面图(其他断面图省略)。画设计等高线处的断面图时,其起算高程要等于该设计等高线的高程。有了每一设计等高线处的断面图后,即可根据公式计算出相邻两断面的挖方量。

最后,第一部分和第二部分的挖方量总和为总的挖方量,填方量总和为总的填方量。

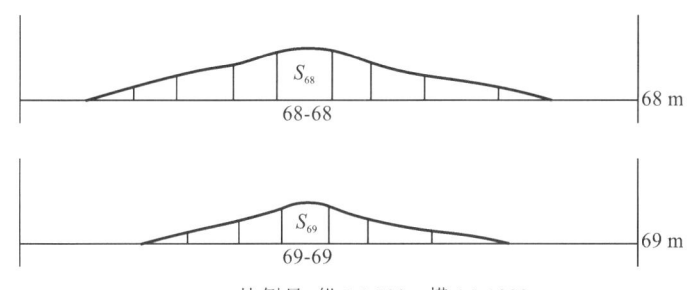

比例尺　纵 1∶500,横 1∶1000

图 7-27　68-68 和 69-69 两条设计等高线处的断面图

3. 等高线法

当地面高低起伏较大且变化较多时,可以采用等高线法(又称水平断面法),如图 7-28 所示。此法是先在地形图上求出各条等高线所包围的面积,乘以等高距,得各等高线间的土方量,再求总和,即为场地内最低等高线 H_0 以上的总土方量 $V_{总}$。如要平整为一水平面的场地,其设计高程 $H_{设}$ 可按下式计算:

$$H_{设} = H_0 + \frac{V_{总}}{S}$$

式中　H_0——场地内的最低高程,一般不在某一条等高线上,应根据相邻等高线内插求出;

　　　$V_{总}$——场地内最低高程 H_0 以上的总土方量;

　　　S——场地总面积,由场地外轮廓线决定。

当设计高程求出以后,后续的计算工作可按方格网法进行。

若在数字地形图上,利用数字地面模型,计算平整场地的挖、填工程量,则更为方便。先在场地范围内按比例尺设计一定边长的方格网,提取各方格顶点的坐标,并插算各点相应的高程。同时,给出或算出设计高程,求算各点的挖、填高度,按照挖、填范围分别求出挖、填土(石)方量,这种方法比在地形图上手工画图计算更为快捷。

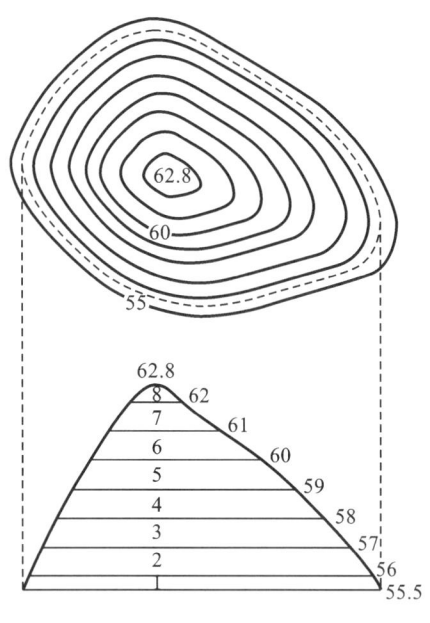

图 7-28　等高线法

【思考题与习题】

1. 地形图的基本应用内容有哪些?

2. 什么是地形图比例尺,比例尺表示方法有哪些?

3. 阅读地形图从哪几个方面进行?

4. 如何确定地形图上点的坐标及高程?

5. 等高线有哪些特性?

项目八 多层民用建筑施工测量

»→ ▌学习目标 ....

1. 了解建筑施工场地的平面控制测量的要求；

2. 熟悉建筑方格网和建筑基线的测设方法，熟悉施测前的各种准备工作；

3. 掌握建筑物的轴线定位与放线，掌握基础施工中的基坑抄平和基础标高的控制以及基础轴线的测设，掌握首层及二层以上墙体施工中的定位与高程控制。

8.1 施工测量控制网概述

施工测量控制网是为满足各类工程施工定位和施工放样等工程需要而布设的控制网。施工测量控制网不仅是工程施工定位、放样的依据，也是工程沉降观测的依据，还是工程竣工测量的依据。

通常在工程勘察设计阶段，为了测绘地形图而建立测量控制网，在精度和密度方面主要考虑测图的需要。在勘测阶段各种建筑物的平面位置没有确定，由于施工前现场需要平整场地，往往会使部分控制点受到破坏，所以测图控制网在密度和精度上难以满足施工测设的要求。为了保证建筑物的测设精度，在工程施工之前需要在原有测图控制网的基础上，为建筑物、构筑物的测设重新建立统一的施工测量控制网。施工测量控制网分为平面控制网和高程控制网。

施工测量控制网的建立，要遵循"从整体到局部，先控制后碎部"的原则，即先建立高精度控制网，后建立低精度控制网。在工程施工现场，根据建筑总平面图和施工总平面图，首先建立统一的平面和高程控制网，以此为基础，测设出建筑物的主轴线，再根据主轴线测设建筑物的细部位置。

施工测量控制网与测图控制网相比，其特点如下。

（1）控制点布设范围小，密度大。在勘测设计阶段，测图控制点是为了测绘建设区域大比例尺地形图，为建筑设计提供基础资料，控制点布设范围大，密度小；在施工阶段，各种建筑物分布错综复杂，控制网点应根据设计总平面图和施工总平面图布设，并满足建筑物施工测设的需要，所以控制点布设范围小，密度大。

（2）分级布网。在施工阶段，建筑物轴线之间的几何关系比建筑物细部轴线关系精度要求高，在建筑施工场地布设施工测量控制网时，可以采用两级布网的测设方案。

（3）精度要求和点位布设要求高。施工测量控制网的精度应满足建筑限差和高程验收的标准，所以施工阶段的测设精度要远远高于地形图的测绘精度。同时控制网点位，应选在通视良好、土质坚实、便于施测、利于长期保存的地点，应埋设相应的标石，必要时还应增加强制对中装置，标石的埋设深度，应根据当地冻土线和场地实际标高确定。

（4）使用频繁，受施工干扰大。在施工阶段，建筑物地上和地下每层需要测设轴线和标高,故控制点使用频繁;同时建筑工程多工种配合作业,多单位交叉配合施工,施工机械作业频繁,现场建筑材料多,使场地狭窄,控制点易受施工现场各种活动的干扰。

8.2 建筑施工场地的平面控制测量

建筑施工场地的平面控制网可以根据建筑物的分布、结构、高度、基础埋深和机械设备传动的连接方式、生产工艺的连续程度,分别布设一级或二级控制网,其主要技术要求应符合表 8-1 的规定。

表 8-1 建筑物施工平面控制网的主要技术要求

等 级	边长相对中误差	测角中误差
一级	≤1/30000	$7''/\sqrt{n}$
二级	≤1/15000	$15''/\sqrt{n}$

注:n 为建筑物结构的跨数。

建筑物施工平面控制网还应符合下列有关规定。

①控制网加密的指示桩,宜选在建筑物行列线或主要设备中心线上。

②主要的控制网点和主要设备中心线端点,应埋设固定标桩。

③控制网轴线起始点的定位误差,不应大于 2 cm;两建筑物(厂房)间有联动关系时,不应大于 1 cm,定位点不得少于 3 个。

④水平角观测的测回数,应根据表 8-2 选定。

表 8-2 水平角观测的测回数

测角中误差 仪器精度等级	2.5″	3.5″	4.0″	5″	10″
1″级仪器	4	3	2	—	—
2″级仪器	6	5	4	3	1
6″级仪器	—	—	—	4	3

⑤边长测量宜采用电磁波测距的方法,作业的主要技术要求见项目五中表 5-2 测距的主要技术要求中的相关规定;二级网的边长测量也可采用钢尺量距,作业的主要技术要求见项目五中表 5-3 的相关规定。

⑥建筑物的围护结构封闭前,应根据施工需要将建筑物外部控制点转移至内部。内部的控制点,宜设置在浇筑完成的预埋件或预埋的测量标板上,引测的投点误差,一级不应超过 2 mm,二级不应超过 3 mm。

建筑物施工平面控制网的布设形式,可根据场区的地形条件和建(构)筑物的布置情况,布设成建筑基线、建筑方格网、导线及导线网、三角网或 GPS 网等形式。平面控制网的等级,应根据工程规模和工程需要分级布设,且控制网的精度应符合下列规定:

①对于建筑场地大于 1 km² 的工程项目或重要工业区,应建立一级或一级以上精度等级的平面控制网;

②对于场地面积小于 1 km² 的工程项目或一般性建筑区,可建立二级精度的平面控制网;

③场区平面控制网相对于勘察阶段控制点的定位精度不应大于 5 cm。

8.2.1　建筑基线

建筑基线是指建筑场地的施工控制基准线,即在建筑场地布置一条或者几条轴线,作为施工控制基准线,它适用于建筑设计总平面图布置比较简单、面积不大和场地相对平整的场地。建筑基线的布设形式,应根据建筑物的分布、施工场地地形等因素来确定,常用布设形式有"一"字形、"L"形、"T"形和"十"字形等,如图 8-1 所示。

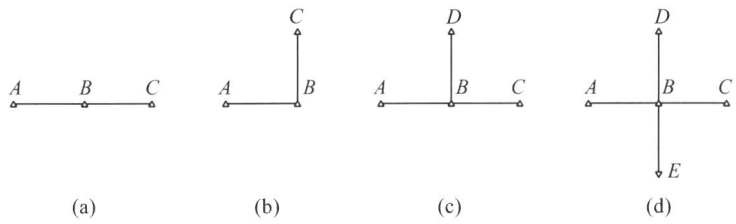

图 8-1　建筑基线

1. 建筑基线的布设要求

建筑基线的布设应尽可能靠近拟建的主要建筑物,并与其主要轴线平行,以便使用比较简单的直角坐标法进行建筑物的定位。为了进行相互检核,建筑基线上的基线点应不少于三个,基线点位应选在通视良好且不易被破坏的地方,为能长期保存,还要埋设永久性的混凝土桩,建筑基线也应尽可能与施工场地的建筑红线相联系。

2. 建筑基线的测设依据

根据施工场地的条件不同,建筑基线的测设依据通常有以下两种方法。

①根据建筑红线(或既有建筑物)测设。

在城市建设中,由城市规划所属测绘部门测定的建筑用地边界线,称为建筑红线。通常情况下,拟建的建筑物主要轴线与建筑红线平行,根据建筑红线平行推移法测定建筑基线,再利用建筑基线控制建筑物主要轴线,故建筑红线可以作为建筑基线测设的依据。

如图 8-2 所示,PG、PH 为建筑红线,A、B、C 为建筑基线点,利用建筑红线测设建筑基线的步骤如下。

首先,从 P 点沿 PG 线量取 D_1 定出 A_1 点,沿 PH 线量取 D_2 定出 A_2 点,然后,过 G 点作 GP 的垂线,沿垂线量取 D_2 定出 B 点,作出标志;过 H 点作 HP 的垂线,沿垂线量取 D_1 定出

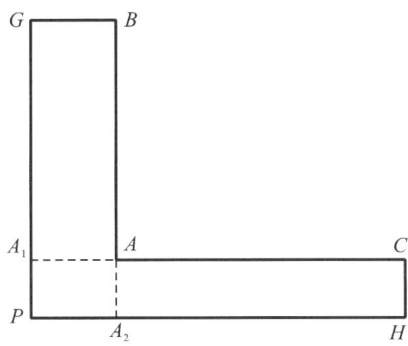

图 8-2　根据建筑红线测设建筑基线

C 点,作出标志,连接直线 A_2B 和 A_1C 相交于 A 点,作出标志,则 A、B、C 即为建筑基线点。安置经纬仪(或全站仪)于 A 点,精确观测 $\angle BAC$,若 $\angle BAC$ 与 90°之差超过容许值,应检查推平行线时的测设数据,并对点位作相应调整。如果建筑红线完全符合作为建筑基线的条件时,直接将建筑红线作为建筑基线使用。

②根据建筑控制点测设。

对于新建筑区,在建筑场地上没有建筑红线作为依据时,可根据设计单位提供的建筑控制点测设建筑基线,若建筑基线点的设计坐标和附近已有建筑控制点的坐标为同一坐标系,根据坐标反算,计算出放样数据,利用极坐标法测设建筑基线。若建筑基线点的设计坐标和附近已有建筑控制点的坐标不为同一坐标系,需要将基线点的设计坐标转化为测量坐标,方法同上。如图 8-3 所示,$G001$ 和 $G002$ 为附近的已有建筑控制点,A、B、C 为选定的建筑基线点,首先根据已知控制点和待测设基线点的坐标关系反算出测设数据 β_1、D_1、β_2、D_2、β_3、D_3,然后利用全站仪按极坐标法(也可用其他方法)测设 A、B、C 点。由于存在测量误差,测设的基线点往往不在同一直线上,如图 8-4 中的 A'、B'、C' 点,应在 B' 点安置全站仪,精确地测出 $\angle A'B'C'$,若此角与 180°之差超过限差 $\pm 10''$,则应对点位进行调整,调整时,应将 A'、B'、C' 点沿与基线垂直的方向各移动相等的调整值 d 按下面公式计算:

$$d = \frac{ab}{a+b}\left(90° - \frac{\beta}{2}\right)''\frac{1}{\rho''}$$

式中 d——各点的调整值,m;

       a、b——分别为 AB、BC 的长度,m;

       ρ''——常数,其值为 206265"。

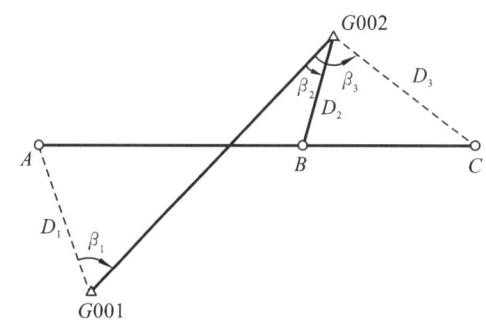

图 8-3   极坐标法测设建筑基线

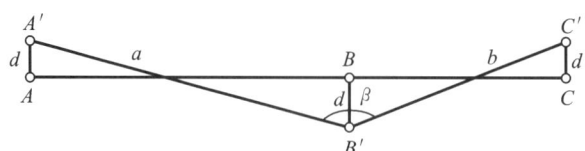

图 8-4   建筑基线点的调整

角度调整后,还需调整 A、B、C 点之间的距离,先用全站仪检查直线 AB 与 BC 的距离,若丈量长度与设计长度之差的相对误差大于 1∶20000,则以 B 点为准,按设计长度调整 A、C 两点,以上调整应反复进行,直到误差在允许范围之内为止。

对于图 8-1(b)、(c)、(d)中的等形式的建筑基线,在确定出一条基线边后,可在 B 点安置经纬仪,按直角坐标法精确测设出另一条垂直的基线。

8.2.2　建筑方格网

建筑场地上由正方形或矩形格网组成的施工平面控制网,称为建筑方格网,如图8-5所示。

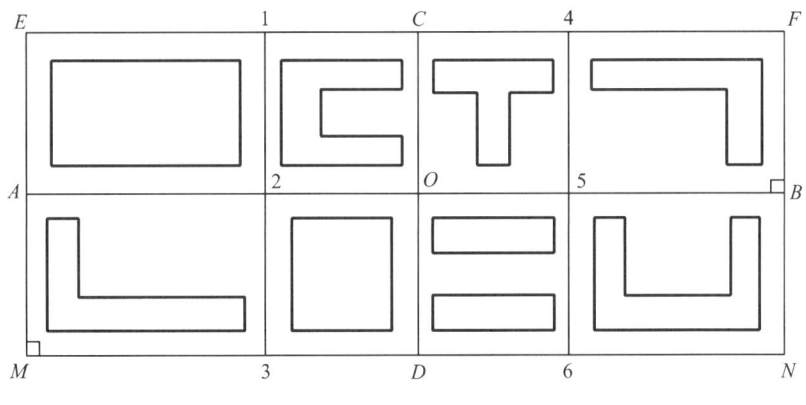

图8-5　建筑方格网

建筑方格网适用于地势平坦、按矩形布置的建筑群或大型建筑场地,由于建筑方格网的轴线与拟建建筑物主要轴线平行或垂直,因此,一般情况下采用直角坐标法进行建筑物的定位,测设也较为方便,且精度较高,测设时先确定方格网的主轴线,再布设方格网细部轴线。由于建筑方格网必须按总平面图的设计来布置,测设工作量将成倍增加,其点位缺乏灵活性,易被破坏,所以在全站仪逐步普及的条件下,建筑方格网有逐步被导线(网)所取代的趋势。其主要技术要求见表8-3。

表8-3　建筑方格网的主要技术要求

等　　级	边长/m	测角中误差/(″)	边长相对中误差
一级	100～300	5	≤1/30000
二级	100～300	8	≤1/20000

1. 建筑方格网的布设

建筑方格网的形式有正方形和矩形两种,方格网的布设应根据总平面图上各种已建和待建的建筑物、道路及各种管线的布置情况,结合现场的地形条件来确定。当场地面积较大时,常分两级布设,首级可采用"十"字形、"口"字形或"田"字形,然后再加密方格网。若场地面积不大,尽量一次布设成方格网。建筑方格网的建立和布设应符合下列规定。

①建筑方格网测量的主要技术要求,应符合表8-3的相关规定。

②方格网点的布设,应与建(构)筑物的设计轴线平行,并构成正方形或矩形格网。

③方格网的测设方法,可采用布网法或轴线法。当采用布网法时,宜增测方格网的对角线;当采用轴线法时,长轴线的定位点不得少于3个,点位偏离直线应在$180°±5″$以内,短轴线应根据长轴线定向,其直角偏差应在$90°±5″$以内,水平角观测的测角中误差不应大于$2.5″$。

④方格网点应埋设顶面为标志板的标石,标石如图8-6所示。

⑤方格网的水平角观测可采用方向观测法,其主要技术要求应符合表8-4的规定。

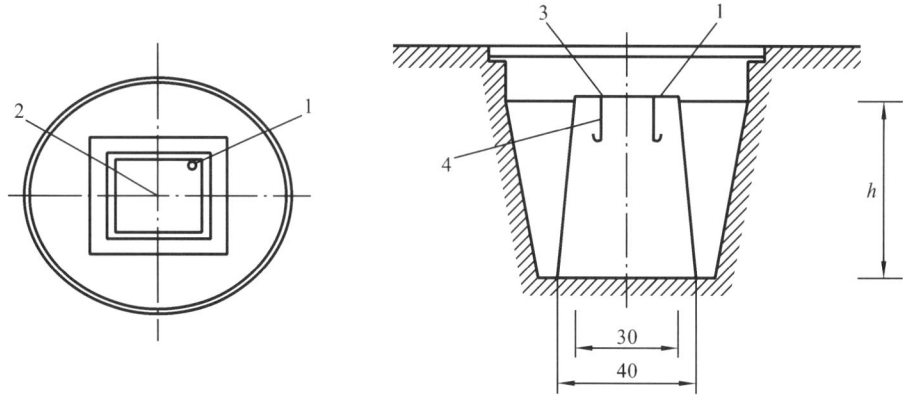

1—$\phi20$ mm铜质半圆球高程标志；2—$\phi1\sim\phi2$ mm铜芯平面标志；
3—200 mm×200 mm×5 mm标志钢板；4—钢筋爪；
h—埋设深度，根据地冻线和场地平整的设计高程确定

图 8-6　建筑方格网点标石规格、形式及埋设图

表 8-4　水平角观测的主要技术要求

等级	仪器精度等级	测角中误差/(″)	测回数	半测回归零差/(″)	一测回内 2C 互差/(″)	各测回方向较差/(″)
一级	1″级仪器	5	2	≤6	≤9	≤6
	2″级仪器	5	3	≤8	≤13	≤9
二级	2″级仪器	8	2	≤12	≤18	≤12
	6″级仪器	8	4	≤18	—	≤24

⑥方格网的边长宜采用电磁波测距仪器往返观测各一个测回，并应进行气象和仪器加、乘常数改正。

⑦观测数据经平差处理后，应将测量坐标与设计坐标进行比较，确定归化数据，并在标石标志板上将点位归化至设计位置。

⑧点位归化后，必须进行角度和边长的复测检查。角度偏差值，一级方格网不应大于 $90°\pm8″$，二级方格网不应大于 $90°\pm12″$；距离偏差值，一级方格网不应大于 $D/25000$，二级方格网不应大于 $D/15000$（D 为方格网的边长）。

2. 建筑方格网的测设

（1）主轴线测设。

建筑方格网是根据施工场地已知控制点采用极坐标法进行测设的，测设方法同建筑基线。如图 8-5 所示，AOB、COD 为建筑方格网的主轴线，A、B、C、D、O 是主轴线上的主位点，简称主点。主点的施工坐标(也称建筑坐标，为了设计的方便，在建筑工程总平面图上，通常采用假定坐标系，以便使所有建筑物的设计坐标均为正值，且坐标纵轴和横轴与主要建筑物或主要管线的轴线平行或垂直)一般由设计单位给出，也可在总平面图上用图解法求得一点的施工坐标后，再根据主轴线的长度推算其他主点的施工坐标。由于施工坐标系与国家测量坐标系不一致，在建筑方格网测设之前，根据设计单位提供的资料，把主点的施工坐标换算成国家测量坐标(就是已知点的测量坐标系统)，计算方法详见项目一，然后计算测设数据。

（2）方格网点测设。

测设方法如图 8-7 所示，先测设主轴线 AOB，其方法与建筑基线测设相同，要求测定 $\angle AOB$ 的测角中误差不应超过 $2.5''$，直线的限差应在 $180°\pm5''$ 以内；再测设与主轴线 AOB 相垂直的另一主轴线 COD，将经纬仪或全站仪安置于 O 点，瞄准 A 点，依次旋转 $90°$ 和 $270°$，测设出 C' 和 D' 点。精确测出 $\angle AOC'$ 和 $\angle AOD'$，分别算出它们与 $90°$ 之差 δ_1 和 δ_2，并按下式计算出调整值 d_1 和 d_2，即

$$d=L\frac{\varepsilon''}{\rho''}$$

式中　　L——OC' 或 OD' 的距离。

由 C' 点沿垂直于 OC' 方向量取 d_1 长度得 C 点，由 D' 点沿垂直于 OD' 方向量取 d_2 长度得 D 点。点位改正后，应检查两主轴线交角和主点间水平距离，其值应在规定限差范围之内，否则需要二次调整。

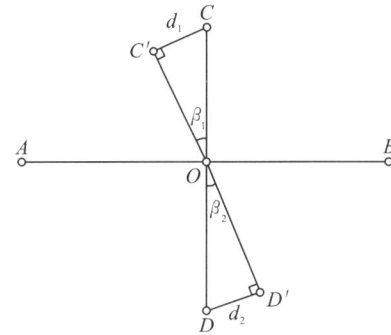

图 8-7　主点的调整

如图 8-5 所示，在主轴线测设合格后，在主点 A 安置全站仪，根据方格网设计数据沿主轴线方向进行，定出 2、5 点；再分别于主点 A、B、C、D 架设全站仪，依据设计数据依次测出 E、F、M、N、1、4、3、6 等方格网点。在方格网点测设完成后，于各方格网点架设经纬仪或全站仪，测量其角值是否满足在 $90°\pm5''$ 以内，并测量各相邻点的距离，与设计值相比，检查误差是否满足规范要求。

8.3　建筑施工场地的高程控制测量

建筑施工场地的高程控制测量应与国家高程系统相联测，以便建立统一的高程系统，一般情况下，设计单位会提供相应的高程控制点，再由施工单位向施工现场内引测高程控制网，可以布设成闭合环线、附合路线或结点网，大、中型施工项目的场区高程测量精度不应低于三等水准。

场区水准点可单独布设在场地相对稳定的区域，也可设置在平面控制点的标石上。水准点间距宜小于 1 km，距离建（构）筑物不宜小于 25 m，距离回填土边线不宜小于 15 m，施工中，当少数高程控制点标石不能保存时，应将其高程引测至稳固的建（构）筑物上，引测的精度不应低于原高程点的精度等级。

高程控制网可分为首级网和加密网两级布设，相应的水准点称为基本水准点和施工水准点。

8.4 多层民用建筑施工测量

民用建筑是指住宅、办公楼、食堂、商场、俱乐部、医院和学校等建筑物。而《民用建筑设计通则》(GB 50352—2019)将住宅建筑依层数进行了划分,其中第一层至第三层为低层住宅,第四层至第六层为多层住宅,第七层至第九层为中高层住宅。民用建筑施工测量的任务是按照设计图纸的要求,把建筑物的平面位置和高程测设到地面上,并配合施工的进度要求,以确保工程质量。无论是矩形建筑物,还是异形建筑物,即使施工测量的方法和精度不同,其施工测量的内容也一样,主要包括建筑物的定位、细部轴线放样、基础施工测量和墙体施工测量。

8.4.1 施工测量的准备工作

1. 测量仪器、工具的检定

在施工测量之前,按照施工测量规范的要求,对所用测量仪器和工具,检查是否在检定周期以内,超过检定周期的,必须到具有检定资质的有关单位重新进行检定与校正,未超过检定周期的,在使用前应进行自检,检定或自检合格方可使用。

2. 熟悉设计图纸

设计图纸是施工测量的主要依据,在测设前应熟悉设计图纸及其有关文字说明,了解施工的建筑物与相邻地物间的相互关系,以及建筑物的内部尺寸关系,充分理解设计意图和施工要求,结合图纸会审结果对总平面图与施工图的几何尺寸、平面位置、标高等是否一致仔细核对,与测量工作有关的设计图纸主要有以下几种。

(1)建筑总平面图。

建筑总平面图主要表示整个建筑场地的总体布局,具体表达新建房屋的位置、朝向以及周围环境(原有建筑、交通道路、绿化、地形)的基本情况。建筑总平面图是新建房屋定位、施工放线、土方施工及有关专业管线布置和施工总平面布置的依据,如图 8-8 所示。

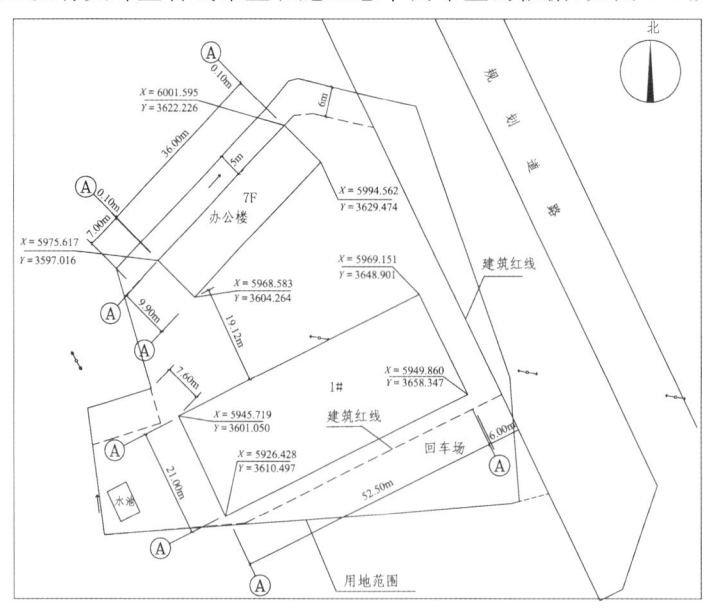

图 8-8 建筑总平面图

（2）建筑平面图。

建筑平面图是假想在房屋的窗台以上作水平剖切后，移去上面部分，作剩余部分的正投影而得到的水平剖面图。它表示建筑物的平面形式、大小尺寸、房间布置、建筑入口、门厅及楼梯布置的情况，标明墙、柱的位置、厚度和所用材料，以及门窗的类型、位置等情况。主要图纸有首层平面图、二层或标准层平面图、顶层平面图、屋顶平面图等，是测设建筑物细部轴线的依据。首层平面图如图 8-9 所示。

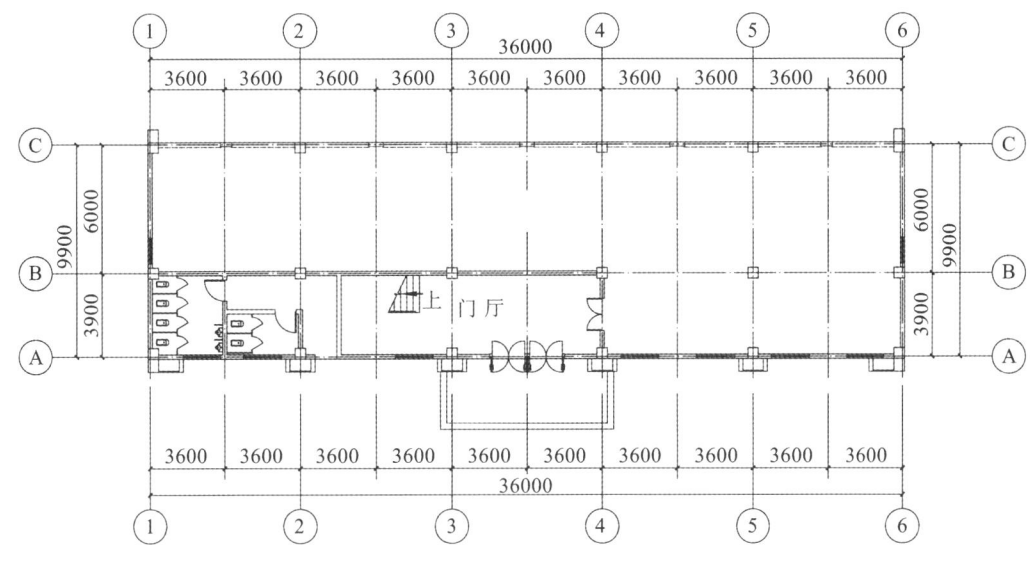

图 8-9　首层平面图

（3）基础平面图和基础详图。

基础平面图是假想用一个水平面沿房屋的地面与基础之间把整幢房屋剖开后，移开上层的房屋和泥土所做出的基础水平投影。基础平面图可以呈现基础平面的形状及总长、总宽等尺寸，定位轴线及编号，基础梁、柱、墙的平面布置，不同断面的剖切位置及编号，以及必要的文字说明，是基础平面位置测设的依据，如图 8-10 所示。

基础详图主要表明基础各组成部分的具体形状、大小、材料及基础埋深等，通常用断面图表示，并与基础平面图相对应，是基础高程放样的依据，如图 8-11 所示。

（4）立面图和剖面图。

表示房屋外部形状和内容的图纸称为建筑立面图，为建筑外垂直面正投影可视部分；表示建筑物垂直方向房屋各部分组成关系的图纸称为建筑剖面图。立面图和剖面图中，标明了室内地坪、门窗、楼梯平台、楼板、屋面及屋架等部位的设计高程，是高程测设的主要依据，这些部位的设计高程是以 ±0.000 为起算点的相对高程。

总之，在施工测设之前，要熟悉上述主要图纸，认真核对各种图纸总尺寸与各部分尺寸之间的关系是否正确。

3. 现场踏勘

现场踏勘的目的是了解施工场地的地物、地貌和原有测量控制点的分布情况，并调查与施工测量有关的一系列问题，对测量控制点的点位进行外观检查，查看控制点位是否破损，以便根据现场实际情况考虑制定测设方案。

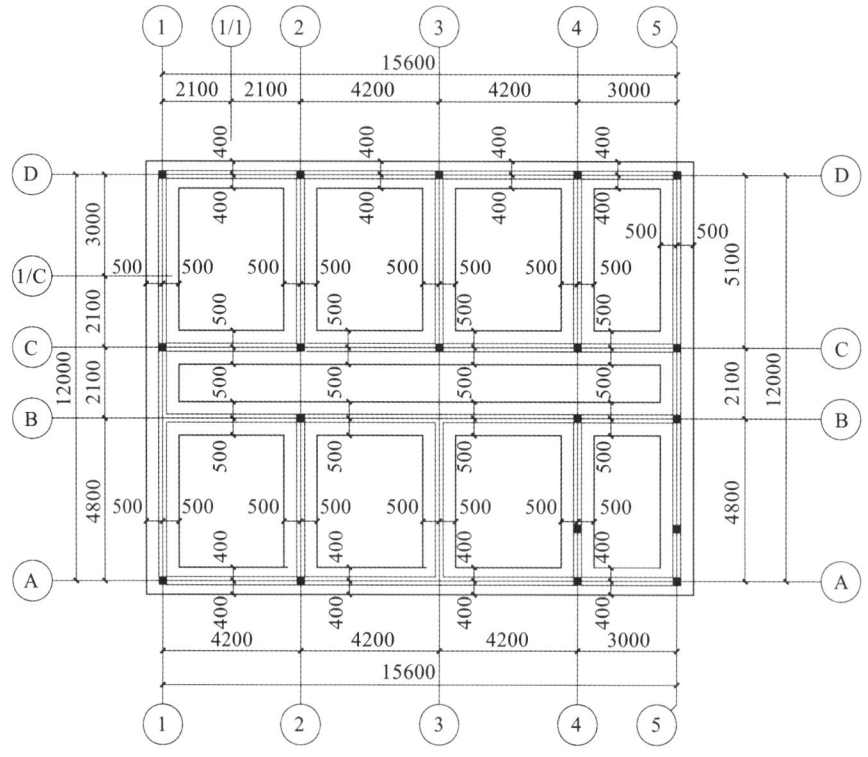

图 8-10　基础平面图

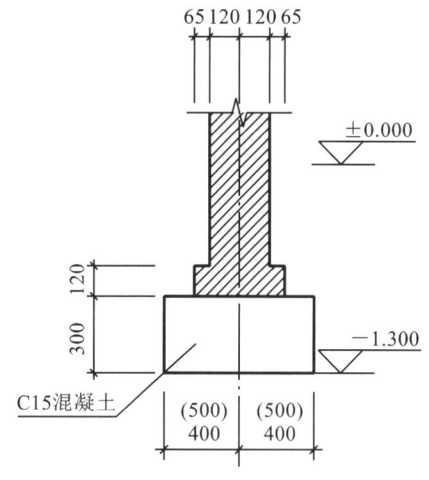

图 8-11　基础详图

4. 制定测设方案和计算测设数据

根据设计图纸、设计提供测量控制点情况和现场条件,结合施工进度,拟订测设方案。测设方案包括平面控制网和高程控制网、采用的测量仪器工具、测设方法、测设步骤、精度要求及进度要求等。

在施工测设之前,根据设计图纸建筑物角点坐标和控制点分布位置,确定采用测设点位的方法,并计算相应的测设数据,并对计算数据进行第三方复核(目的是防止出错),同时最好绘制测设略图,在测设略图上标注测设数据,可以提高测设效率和精度。

8.4.2　建筑物的定位和放线

1. 建筑物的定位

建筑物四周外廓主要轴线的交点决定了建筑物在地面上的位置,称为轴线交点或角点,建筑物的定位是根据设计文件,将建筑物外墙的轴线交点测设到实地并进行标定,作为建筑物基础放样和细部放线的依据。在建筑物定位前,需要进行的准备工作有:熟悉设计图纸,进行现场踏勘,复核测量控制点,清理施工现场,拟订放样方案及绘制放样略图。根据施工现场情况和设计条件,建筑物的定位可采用以下几种方法。

(1) 根据已知测量控制点定位。

当建筑区域附近有 GPS 点、导线点、三角点等已知测量控制点时,可根据控制点和建筑物各角点的设计坐标(测量坐标),反算出坐标方位角与距离,用极坐标法或角度交会法测设建筑物的平面位置。

(2) 根据建筑方格网和建筑基线定位。

如建筑场区内布设有建筑方格网(或建筑基线),由于设计建筑物轴线与方格网边线平行或垂直,可根据附近方格网点和建筑物角点的坐标采用直角坐标法测设建筑物的位置。

(3) 根据规划道路红线定位。

规划道路的红线是城市规划部门所测设的城市道路规划用地与单位用地的界址线,靠近城市道路的新建建筑物设计位置应以城市规划道路的红线为依据。如图 8-12 所示,A、B、C、D 为城市规划道路红线点,测设方法如下:

① 根据拟建建筑物四个角点坐标和图 8-12 中数据推算 M、N、P、Q 四点坐标;

② 在 C 点架设仪器,沿 CD 方向依次测设点 P 和 Q;

③ 在 P、Q 两点分别架设仪器,转动 90°,依次测设 $J1$、$J4$、$J2$、$J3$,最后进行检查调整。

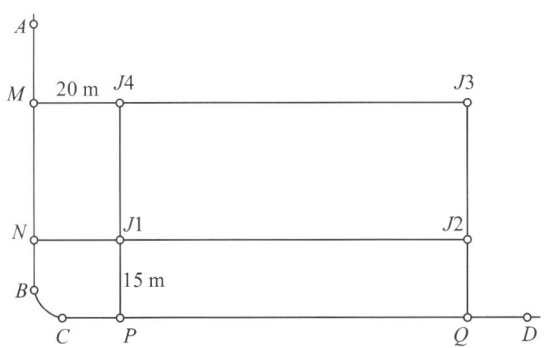

图 8-12　根据规划道路红线定位

(4) 根据与原有建筑物的关系定位。

当新建场地附近没有国家测量控制点、建筑基线、建筑方格网和建筑红线等已知条件时,也没有提供新建建筑物的角点坐标,设计文件只给出新建建筑物与附近原有建筑物的相互关系,则根据原有建筑物外墙延长确定建筑基线,再根据基线确定待建建筑物各定位轴线的投影位置,如图 8-13 所示的两种情况,图中绘有直线的是原有建筑物,没有直线的是拟建建筑物。

如图 8-13(a)所示,拟建建筑物轴线 EF 在原有建筑物轴线 AB 的延长线上,可用延长直线法定位。为了能够准确地测设 EF,应先作 AB 的平行线 P_1P_2,即沿原有建筑物 DA 与

CB 墙面向外量出 1.5 m，在地面上定出 P_1 和 P_2 两点作为建筑基线。再安置经纬仪于 P_1 点，照准 P_2 点，然后沿 P_1P_2 方向，从 P_2 点用钢尺依次量距 15 m 和 60 m 测出 P_3、P_4 两点，再安置经纬仪分别于 P_3 和 P_4 点，转 90°角，依次定出 E、H 和 F、G 点。

如图 8-13(b)所示，先作 AB 的平行线 P_1P_2，平行线线距 2 m，然后安置经纬仪于 P_1 点，作 P_1P_2 的延长线，并按设计距离，用钢尺量距定出 P_3 点，再将经纬仪安置于 P_3 点，照准 P_1，转动 90°角，丈量 4.5 m 定出 E 点，继续丈量 45 m 定出 H 点，最后在 E、H 两点安置经纬仪测设 90°角，量距 15 m 而定出 F 和 G 点。

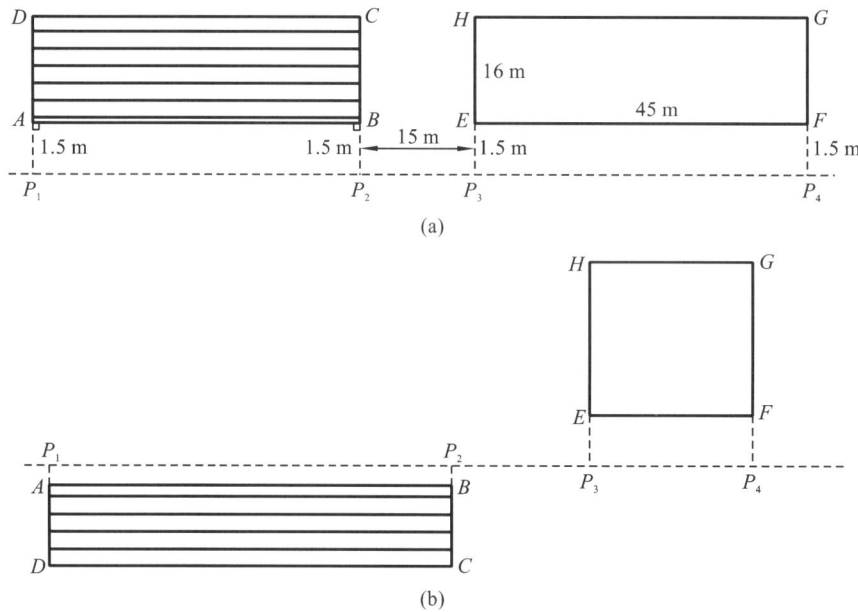

图 8-13　根据与原有建筑物的关系定位

2. 建筑物的放线

建筑物的放线是指根据已定位的外墙主轴线交点桩及建筑平面图，详细测设出建筑物内墙各轴线的交点位置，即交点桩（或称中心桩），并用木桩（桩上钉小钉）标定出来；然后根据各中心桩轴线和基础宽以及放坡宽用白灰线撒出基槽，开挖边界线，以便进行开挖施工，建筑物的放线工作主要有以下几项。

（1）测设细部轴线交点桩。

如图 8-14 所示，A 轴、E 轴、①轴、⑥轴为建筑物外墙轴线，A1、A6、E1、E6 为通过建筑物定位所标定的主点，将经纬仪安置于 A1 点，瞄准 A6 点，沿此方向量距 4 m 定出 A2，再根据图 8-14 所示距离，依次定出 A3、A4、A5 点。同样可测出其余外墙轴线交点，各点可用木桩作点位标志，定出各点后，要通过钢尺丈量、复核各轴线交点间的距离，与设计长度比较，其误差不得超过 1/2000。然后再根据建筑平面图上各轴线之间的尺寸，测设建筑物其他各轴线相交的中心桩的位置，并用木桩标定。

（2）轴线引测。

基槽开挖后，角桩和中心桩将被挖掉，为了便于在施工中恢复各轴线位置，应把各轴线延长到槽外安全地点，并做好木桩标志，其方法有设置龙门板法和设置轴线控制桩法两种方法。

①设置龙门板法。

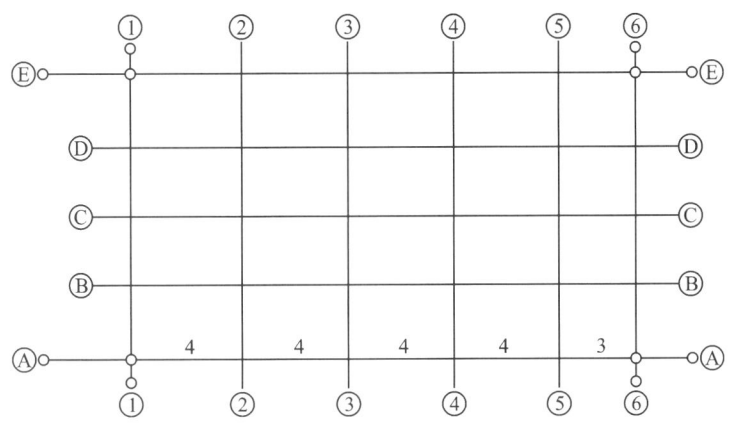

图 8-14　测设轴线交点

如图 8-15 所示,在建筑物四角和内纵、横墙两端距基槽开挖边线 1~2 m(根据土质和基槽深度确定)以外,牢固埋设大木桩,称为龙门桩,钉在龙门桩上的木板称为龙门板,龙门桩要钉得牢固、竖直,桩的外侧面应与基槽平行,设置龙门板的方法如下。

根据建筑物场地水准点,用水准仪将±0.000 标高线(地坪标高)测设在每个龙门桩的外侧上,并作出横线标志。若现场条件不许可,也可测设比±0.000 标高高或低一定数值的标高线,但同一建筑物最好只选用一个标高。如地形起伏大,须选用两个标高时,一定要标注清楚,以免使用时发生错误。

根据龙门桩上测设的高程线钉设龙门板,龙门板顶面的标高应和龙门桩上的横线对齐,这样所有的龙门板顶面标高在一个水平面上,即标高为±0.000 标高线,或者比±0.000 标高高或低一定数值的标高线,龙门板标高的测定误差在±5 mm 以内。

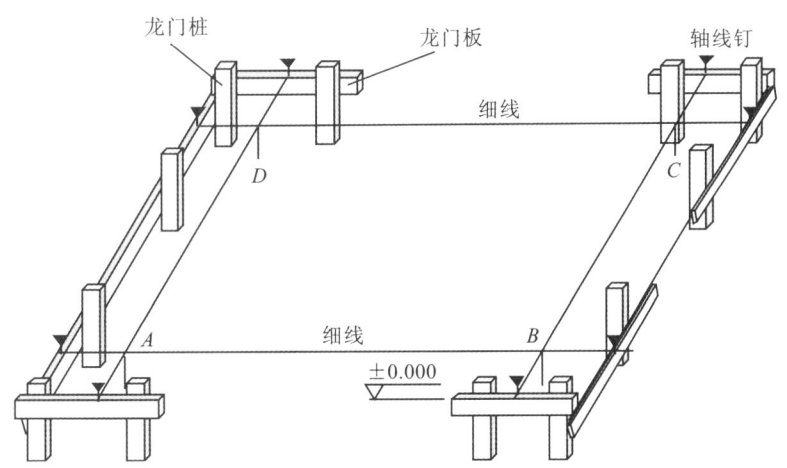

图 8-15　龙门板和龙门桩

根据轴线桩,用经纬仪将墙、柱的轴线投测到龙门板顶面上,并钉小钉作为轴线标志,称为轴线钉,投点误差在±5 mm 以内。对于较小的建筑物,直接采用拉细线的方法延长轴线,订上轴线钉。

用钢尺沿龙门板顶面检查轴线钉的间距,其相对误差不应超过 1/2000。

由于龙门板需要较多木料,且占地面积大,在施工过程中不易保护,所以不适用于机械化开挖的场地。

②设置轴线控制桩法。

在建筑物施工时,沿房屋四周在建筑物轴线方向上设置的桩称为轴线控制桩(简称控制桩或引桩),它是在测设建筑物角桩和中心桩时,把各轴线延长到基槽开挖边线以外,不受施工干扰并便于引测和保存桩位的地方,桩顶面钉小钉标明轴线位置,如图 8-16 所示。如附近有固定建筑物,应把轴线延伸到建筑物上,以便校对,轴线控制桩,离基槽外边线的距离可根据施工场地的条件来定,一般条件下,轴线控制桩离基槽外边线的距离可取 2~4 m,并用木桩作点位标志,桩上钉小钉,并用水泥砂浆加固。

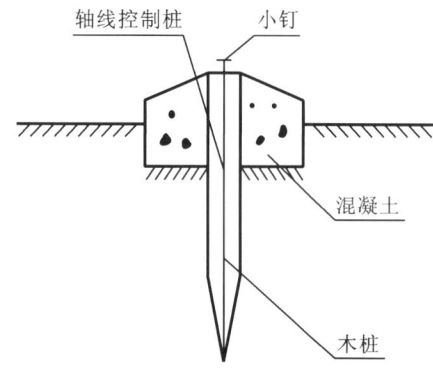

图 8-16 轴线控制桩

(3) 撒出开挖边线。

如图 8-17 所示,基础开挖边线宽度为 2D,则

$$D=B+mh$$

式中 B——基础底部宽度,由基础剖面图查取;

h——基础深度;

m——边坡坡度。

根据上式计算后,在地面上以轴线为中心,向两侧各量距离 D,拉线并撒上白灰,即为开挖边线。

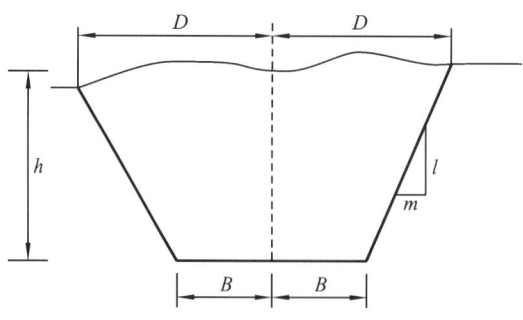

图 8-17 基础开挖断面图

8.4.3 建筑物基础施工测量

建筑物±0.000 以下部分称为建筑物的基础,多层民用建筑的基础主要设计为条形基础。

1. 基坑抄平

为了控制基槽开挖深度,当基槽开挖接近槽底时,在基槽壁上自拐角开始,每隔3~5 m测设一根水平桩。水平桩的顶面比槽底设计高程高 0.3~0.5 m,作为挖槽深度、修平槽底和浇筑基础垫层的依据。基坑抄平时,应控制好开挖深度,一般不宜超挖。

水平桩可以是木桩(板桩),也可以是竹桩,测设时,用水准仪根据施工现场±0.000 标高线或龙门板顶面高程来测设。如图 8-18 所示,槽底设计高程为−2.150 m,欲测设比槽底设计高程高 0.500 m 的水平桩,首先在地面适当地方安置水准仪,立水准尺于±0.000 标志或龙门板顶面上,读取后视读数为 1.286 m,则水平桩的应读前视读数 1.286+2.150−0.500=2.936(m)。然后沿槽壁立水准尺并上下移动,直至水准仪水平视线读数为2.936 m时,沿尺子底面在槽壁打一小木桩,即为需测设的水平桩,水平桩测设的标高容许误差不大于±10 mm。

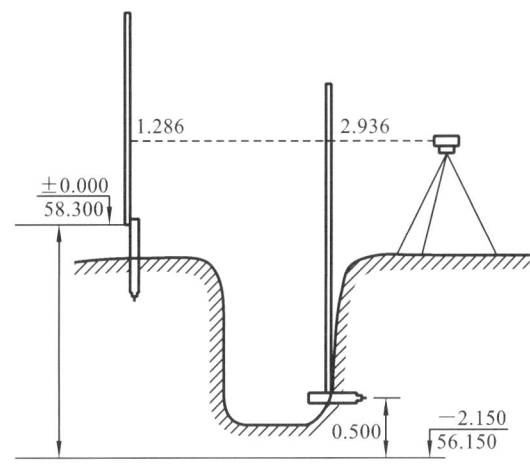

图 8-18 基坑抄平

2. 基础施工放线

①基坑中线、宽度的测设。

基坑开挖到设计标高后,首先经政府监督部门,以及建设、设计、勘察、监理、施工等单位联合验槽合格,然后根据轴线控制桩或者龙门板将轴线投测至基坑底,打入小木桩作为标志,检查坑底断面尺寸是否符合设计要求,实际上在基坑开挖过程中也要经常检查基坑轴线、开挖宽度是否满足设计要求。

②垫层标高的测设。

垫层顶面标高的测设以槽壁水平桩为依据在槽壁弹线,或者在槽底打入小木桩(木桩顶标高即为垫层顶面标高)进行控制。如果垫层需支架模板可以直接在模板上弹出标高控制线。

③垫层上投测基础中心线。

在基础垫层完成后,根据龙门板上的轴线钉或轴线控制桩,用经纬仪或用拉绳挂锤球的方法,把轴线投测到垫层面上,并用墨线弹出墙中心线和基础边线,作为砌筑基础的依据。整个墙体形状及大小均以此线为准,它是确定建筑物位置的关键环节,必须严格校核。

④基础墙标高的控制。

基础墙中心线投在垫层上,用水准仪检测各墙角垫层面标高后,即可开始基础墙(±0.000以下的墙)的砌筑,基础墙的高度一般是用基础皮数杆来控制的,基础皮数杆用一根木杆制成,在木杆上标明±0.000 m 和防潮层及预留洞口的标高位置,按照设计尺寸将每皮砖和灰缝的厚度，分皮从上往下一一画出，每五皮砖注上皮数，基础皮数杆的层数从±0.000 m向下注记，如图8-19所示。

立皮数杆时，可先在立杆处打一根木桩，用水准仪在木桩侧面定出一条高于垫层标高某一数值（如0.1 m)的水平线，然后将皮数杆上标高与木桩上的水平线对齐，并用大铁钉把皮数杆与木桩钉在一起，作为基础墙砌筑的标高依据。

基础施工结束后，应检查基础面的标高是否符合设计要求，用水准仪测出基础面上若干点的高程，并与设计高程相比较，允许误差为±10 mm。若是钢筋混凝土基础，用水准仪在模板上标注基础顶设计标高的位置。

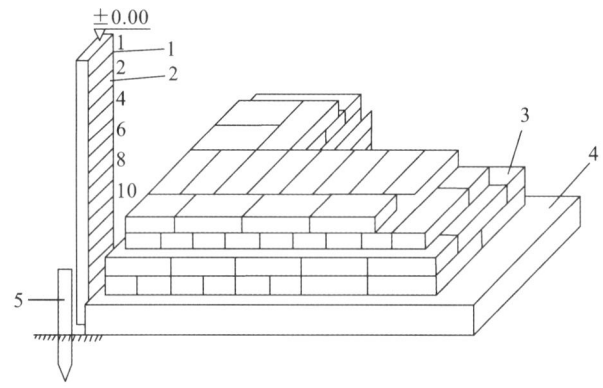

1—防潮层；2—基础皮数杆；3—大放脚；4—垫层；5—木桩

图8-19 基础皮数杆

8.4.4 建筑物墙体施工测量

建筑物墙体施工测量工作包括墙体轴线投测和墙体标高控制。

1. 墙体轴线投测

（1）首层墙体轴线投测。

基础墙体（含防潮层）施工完成后，复检龙门板或轴线控制桩，防止其在基础施工期间发生破坏或移动，复核无误后，根据轴线控制桩或龙门板上的轴线和墙边线标志，用经纬仪或用拉细线挂锤球的方法将首层轴线投测到基础面或防潮层上，然后用墨线弹出墙体中线和边线。用经纬仪检查外墙轴线交角是否等于90°，符合规范要求后，把墙轴线延伸到基础墙的侧面上弹线并用红油漆作出明显标志，作为向二层以上投测轴线的依据，同时把门、窗和其他洞口的边线也在外墙基础面上画出标志，如图8-20所示。

（2）二层以上墙体轴线投测。

首层楼面建好后，往上继续砌筑墙体时，要保证墙体轴线与基础轴线在同一铅垂面上，则需要将基础轴线投测到楼面上，并在楼面上重新弹出墙体的轴线。经检查合格后，根据轴线弹出墙体边线，进行墙体施工。墙体轴线投测的方法有吊锤线法和经纬仪投测法。

①吊锤线法。

将较重的吊锤悬挂在楼板或柱顶边缘，慢慢移动，当吊锤尖对准地面上的轴线标志时，或者使吊锤线下部沿垂直墙面方向与底层墙面上的轴线标志对齐，吊锤线上部在楼面边缘的位置就是墙体轴线的位置。在此画一条短线作为标志，便在楼面上得到轴线的一个端点，同法投测另一端点，两端点的连线即为墙体轴线。

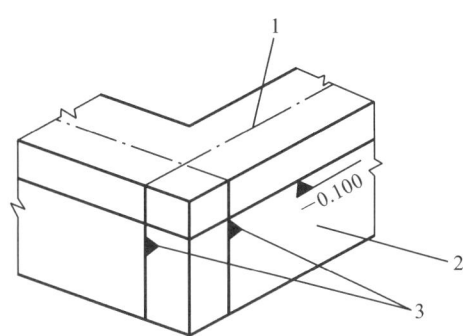

1—墙中线；2—外墙基础；3—轴线标志

图 8-20　轴线标志

建筑物的主轴线一般都要投测到楼面上来，弹出墨线后，用钢尺检查轴线间的距离，其相对误差不得大于 1/3000，符合要求之后，再以这些主轴线为依据，用钢尺内分法测设其他细部轴线。在困难的情况下至少要测设两条垂直相交的主轴线，检查交角合格后，用经纬仪和钢尺测设其他主轴线，再根据主轴线测设细部轴线。

吊锤线法简便易行，不受施工场地限制，一般能保证施工质量，但受风的影响较大，因此应在风小的时候作业，投测时应等待吊锤稳定下来后再在楼面上定点。每层楼面的轴线需要直接从底层投测上来，以保证建筑物的总竖直度。只要注意这些问题，用吊锤线法进行多层楼房的轴线投测的精度是有保证的。

②经纬仪投测法。

在轴线控制桩上安置经纬仪，严格整平后，瞄准基础墙面上的轴线标志，用盘左、盘右分中投点法，将轴线投测到楼层边缘或柱顶上，将控制轴线投测到楼板上之后，用钢尺检核其间距，相对误差不得大于 1/3000，检查合格后，才能在楼板分间弹线，继续施工。

2．墙体标高控制

（1）首层墙体标高控制。

如图 8-21 所示，墙体砌筑时，其标高用墙身皮数杆控制，在皮数杆上根据设计尺寸，按砖和灰缝厚度画线，并标明门、窗、过梁、楼板等的标高位置，杆上标高注记从 ±0.000（与房屋的室内地坪标高相吻合）向上增加。

墙身皮数杆一般立在建筑物的拐角和内墙处，每隔 10～15 m 设置一根，固定在木桩或基础墙上。为了便于施工，采用里脚手架时，皮数杆立在墙的外边；采用外脚手架时，皮数杆应立在墙里边。立皮数杆时，先用水准仪在立杆处的木桩或基础墙上测设出 ±0.000 标高线，测量误差在 ±3 mm 以内，然后把皮数杆上的 ±0.000 线与该线对齐，用吊锤校正并用钉钉牢，必要时可在皮数杆上加两根斜撑，以保证皮数杆的稳定。

墙体砌筑到一定高度后（例如：1.0 m），应在内、外墙面上测设出 +0.50 m 标高的水平墨线，称为"+50 线"。外墙的 +50 线作为向上传递各楼层标高的依据，内墙的 +50 线作为室内地面施工及室内装修的标高依据。

（2）二层以上墙体标高控制（传递）。

①利用皮数杆传递标高。

首层楼房墙体砌完并建好楼面后，把皮数杆移到二层继续使用，为了使皮数杆立在同一水平面上，用水准仪测定楼面四角的标高，取平均值作为二楼的地面标高，并在立杆处绘出

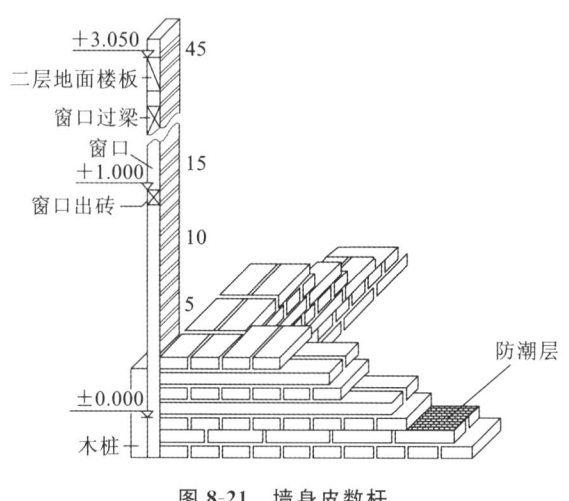

图 8-21　墙身皮数杆

标高线，立杆时将皮数杆的±0.000 线与该线对齐，然后以皮数杆为标高依据进行墙体砌筑，三层以上楼层用同样方法逐层往上传递高程。

②利用钢尺传递标高。

在标高精度要求较高时，可用钢尺从底层的"+50"标高线起往上直接丈量，把标高传递到第二层，然后根据传递上来的高程测设第二层的地面标高线，以此为依据立皮数杆。在墙体砌到一定高度后，用水准仪测设该层的"+50"标高线，再往上一层的标高以此为准用钢尺传递，依此类推，逐层传递标高。

③悬挂钢尺法。

用悬挂钢尺代替水准尺，利用水准仪读数，从下向上传递高程。

当墙砌到窗台时，要在外墙面上根据房屋的轴线量出窗台的位置，以便砌墙时预留窗洞的位置。一般在设计图上的窗口尺寸比实际窗的尺寸大 2 cm，因此，只要按设计图上的窗洞尺寸砌墙即可。墙的竖直用托线板（见图 8-22）进行校正，把托线板的侧面紧靠墙面，看托线板上的吊锤线是否与板的墨线重合，如果有偏差，可以校正砖的位置。

图 8-22　托线板

【思考题与习题】

1. 为什么建筑场地要建立施工测量控制网？

2. 建筑基线常用形式有哪几种？为什么基线点不应少于三个？当三点不在一条直线上时，为什么横向调整量是相同的？

3. 建筑场地平面控制网的形式有哪几种？各自的适用范围是多少？

4. 民用建筑施工测量包括哪些主要测量工作？需要准备哪些图纸？根据这些图纸可以获取哪些测设数据？

5. 轴线控制桩和龙门板的作用是什么？分析其优缺点。

6. 基槽施工中如何控制开挖深度不超过设计高程？

7. 建筑施工中，基础皮数杆和墙身皮数杆的作用是什么？

8. 如图 8-4 所示，假定建筑基线 A'、B'、C' 三点已测设在地面，经检测 $\angle\beta=179°59'26''$，$a=128.200$ m，$b=101.400$ m。试求调整值 δ，并说明如何改正才能使三点成一直线。

项目九　工业建筑施工测量

>>>→ ┃ 学习目标 ......

1. 熟悉厂房预制构件安装测量；
2. 掌握工业厂房矩形控制网和厂房基础的施工测量。

9.1　工业建筑施工测量概述

工业建筑是指从事各类工业生产及直接为生产服务的房屋，一般称为厂房，分为单层厂房和多层厂房。目前，我国较多采用预制钢筋混凝土柱装配式单层厂房，厂房施工中的测量工作主要包括厂房矩形控制网测设、厂房柱列轴线放样、杯形基础施工测量、厂房构件与设备的安装测量等。厂房施工测量准备工作与多层民用建筑施工测量前的准备工作一样，既要认真熟悉各种图纸和现场，还要做好以下两项工作。

9.1.1　制订厂房矩形控制网测设方案及计算测设数据

厂区已有控制点的密度和精度往往不能满足厂房放样的需要，因此对于每幢厂房，还应在厂区控制网的基础上建立满足厂房建筑规模和外形轮廓及厂房特殊精度要求的独立矩形控制网，作为厂房施工测量的控制网。

对于中、小型工业厂房，在其基础开挖线以外 4 m 左右，测设一个与厂房轴线平行的矩形控制网，即可满足放样的需要。对于大型厂房或设备基础复杂的工业厂房，为了使厂房各部分精度一致，需先测设主轴线，然后根据主轴线测设矩形控制网。

厂房矩形控制网的测设方案主要依据厂区平面图、厂区控制网和现场地形等资料制定。主要内容包括确定厂房主轴线、矩形控制网、距离指标桩的点位、布设形式及其测设方法和精度要求等。在确定主轴线点及矩形控制网的位置时，必须保证控制点能长期保存，因此要避开地上和地下管线，并与建筑物基础开挖边线保持 1.5～4 m 的距离。距离指标桩的间距一般等于柱子间距的整数倍，但不超过所用钢尺的长度。矩形控制网可以参照厂区建筑方格网用直角坐标法根据计算数据进行测设。

9.1.2　绘制矩形控制网测设略图

根据设计总平面图和施工平面图，按一定比例绘制施工放样略图，图上标注厂房矩形控制网点对应建筑方格网点的平面尺寸。

9.2　工业厂房矩形控制网的测设

工业厂房应测设独立的矩形控制网，作为施工放样的依据。厂房控制网分为三级：第一级是机械传动性能较高且有连续生产设备的大型厂房和焦炉等;第二级是有桥式吊车的生产厂房;第三级是没有桥式吊车的一般厂房。

9.2.1 新建厂房控制网的测设

1. 单一的厂房矩形控制网的测设方法

对于中、小型厂房,测设矩形控制网时,一般先测设基线,基线(长边线)的测设是根据厂区建筑方格网测设一条长边,如图 9-1 中的 AB,其余三边再根据基线 AB 测设。矩形控制网的测设可以利用直角坐标法,也可以采用极坐标法等方法,测设矩形控制网的各边长时,应同时测设距离指标桩。

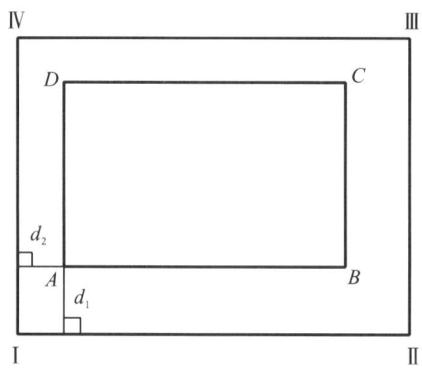

图 9-1 矩形控制网

2. 主轴线组成的矩形控制网的测设方法

对于大型工业厂房,先根据厂区控制网定出矩形控制网的主轴线,然后再根据主轴线测设矩形控制网。

主轴线的测设:如图 9-2 所示,首先将长轴 AOB 测定于地面,再以长轴 AOB 为基线测测设短轴 CD,并进行方向校正,使纵、横轴严格正交,轴线方向调整合格后,再以 O 为起点,进行精密丈量距离,以确定纵横轴线各端点位置,主轴线交角和长度相对误差要求如表 9-1 所示。

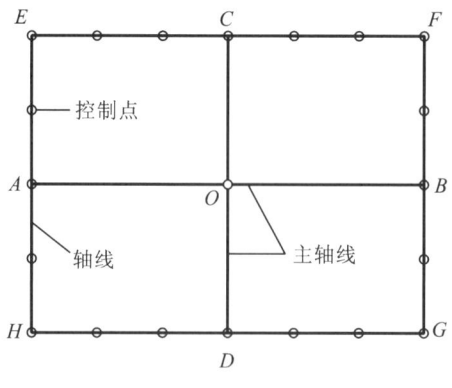

图 9-2 主轴线测设

矩形控制网的测设:如图 9-2 所示,在纵横轴线的端点 A、B、C、D 分别安置经纬仪,都以 O 为后视点,分别测设直角交会定出 E、F、G、H 四个角点,然后再精密丈量 AH、AE、

BG……各段距离,其精度要求与主轴线相同,若角度交会与测距精度良好,则所量距离的长度与交会定点的位置能相适应,否则应按照建筑方格网主轴线测设中所述方法予以调整。

为了便于以后进行厂房细部的施工放线,在测定矩形网各边长时,应按施测方案确定的位置与间距测设距离指标桩。距离指标桩的间距一般等于厂房柱子间距的整倍数,使指标桩位于厂房柱行列线或主要设备中心线方向上,在距离指标桩上直线投点的允许偏差为±5 mm。

3. 主厂房矩形控制网的精度要求

矩形控制网的允许误差见表 9-1。

表 9-1　厂房矩形控制网允许误差

矩形网等级	矩形网类别	厂房类型	主轴线、矩形边长精度	主轴线交角允许差	矩形角允许差
I	根据主轴线测设的控制网	大型	1:50000,1:30000	±(3″~5″)	±5″
II	单一矩形控制网	中型	1:20000		±7″
III	单一矩形控制网	小型	1:10000		±10″

9.2.2　扩建与改建厂房控制网的测设

在旧厂房进行扩建或改建前,最好能找到原有厂房施工时的控制点,以作为扩建与改建时进行控制测量的依据;要求原有控制点必须与已有的吊车轨道及主要设备中心线联测,并将实测结果提供给设计部门参考,若原厂房控制点已不存在,可以按下列不同情况,恢复厂房控制网:

①厂房内有吊车轨道时,应以原有吊车轨道的中心线为依据;

②扩建与改建的厂房内的主要设备与原有设备有联动或衔接关系时,应以原有设备中心线为依据;

③厂房内无重要设备及吊车轨道,可以原有厂房柱子中心线为依据。

9.3　工业厂房基础施工测量

9.3.1　工业厂房柱列轴线测设

厂房柱列轴线的测设工作是在厂房控制网的基础上进行的,如图 9-3 所示,E、F、G、H是厂房矩形控制网的四个角点控制点,Ⓐ、Ⓑ、Ⓒ和①、②、…、⑦等轴线均为柱列轴线,其中定位轴线Ⓑ轴和④轴为主轴线,柱列轴线的测设可根据柱间距和跨间距用钢尺沿矩形各边量出各柱列轴线控制点的位置,并打入大木桩,桩顶钉设小钉表示点位,作为测设柱基和施工安装的依据。

9.3.2　工业厂房柱基施工测量

1. 柱基平面位置测设

柱基平面位置测设就是根据厂房基础平面图和基础大样图的有关尺寸,把基坑开挖的

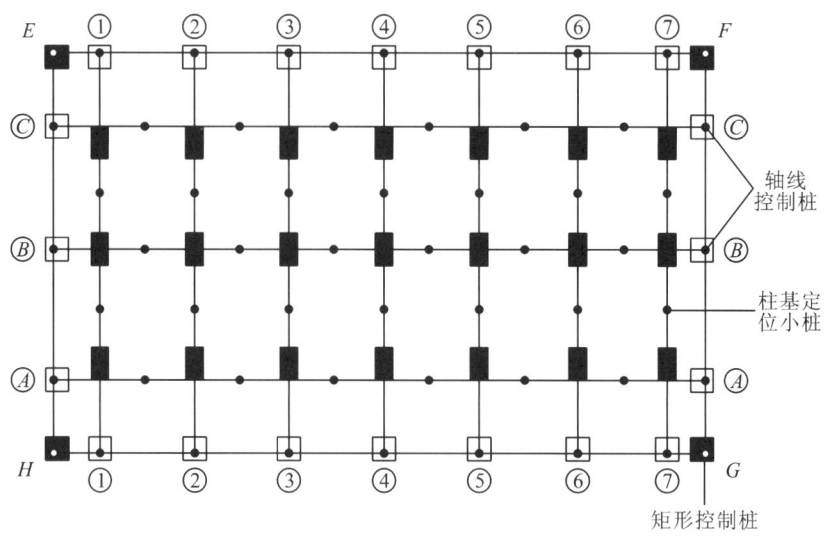

图 9-3 厂房矩形控制网及柱列轴线控制桩

边线用白灰标示到地面以便开挖。测设时,首先将两台经纬仪安置在两条互相垂直的柱列轴线的轴线控制桩上,沿轴线方向交会测设出每一个柱基中心的位置,打入木桩,桩顶钉小钉表示柱基中心,而后在距柱基开挖口 0.5~1 m 处,再打入四个定位骑马小木桩,并在桩顶钉上小钉,作为柱基挖坑和立模过程时恢复柱基中心之用,如图 9-3 所示。最后按照基础平面图、基础详图和基坑放坡宽度,用特制的角尺放出基坑开挖边界,并撒出白灰线以便开挖。

在进行柱基测设时,应注意柱列轴线不一定都是柱基中心线,而一般立模、吊装等习惯用中心线,此时应将柱列轴线平移,定出柱子中心线。

2. 柱基高程测设

如图 9-4 所示,基坑开挖时,边挖边测量基坑的开挖深度,严禁超挖,当基坑深度接近设计深度时,在基坑四壁离坑底设计标高 0.5 m 处测设几个小水平桩(可以采用小板桩或者竹桩),作为基坑修坡和检查坑底标高的依据。此外,应在坑底设置小木桩(或竹桩),使桩顶高程恰好等于垫层顶面的设计高程,用以控制基坑内垫层顶面的标高。

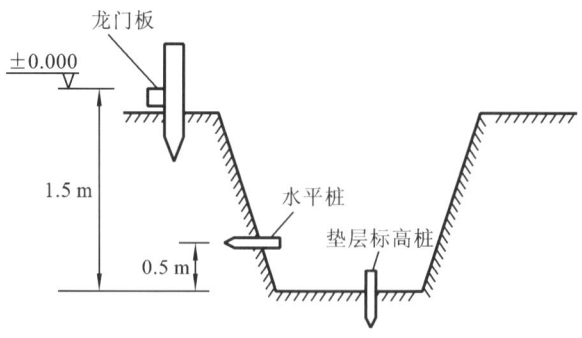

图 9-4 基坑高程测设

基础垫层浇筑完成后,根据柱列轴线控制桩采用经纬仪定线的方法,用吊锤将柱基中心轴线投测到垫层上打点,并利用墨斗弹出墨线,用红漆在垫层上画出标记,作为柱基立模和安放钢筋的依据。立模板时,将模板底部中心对准垫层上柱基中心轴线,并用吊锤检查模板是否竖直,然后用水准仪将柱基的设计标高测设到模板的内壁上。拆模后,用经纬仪根据轴线控制桩在杯口上定出柱中心线,再用水准仪在杯口内壁定出标高线,并画上"▼"标志,以此线控制杯底标高。

基础工程各工序中心线及标高测设的允许偏差,应符合表 9-2 的规定。

表 9-2　基础中心线及标高测设允许偏差　　　　　　　　　　　　（单位:mm）

项　　　目	基础定位	垫层面	模板	螺栓
中心线端点测设	±5	±2	±1	±1
中心线投点	±10	±5	±3	±2
标高测设	±10	±5	±3	±3

9.4　厂房预制构件安装测量

9.4.1　厂房柱子的安装测量

1. 柱子安装的精度要求

①柱子中心线应与相应的柱列轴线一致,允许偏差为±5 mm。

②牛腿面及柱顶面的高程与设计高程应一致,其误差不应超过±5 mm(柱高<5 m)或±8 mm(柱高>5 m)。

③柱子垂直度允许误差:当柱高≤5 m 时为±5 mm;当柱高≤10 m 时为±10 mm;当柱高超过 10 m 时,则为柱高的 1/1000,并且小于 20 mm。

2. 吊装前的准备工作

①投测柱列轴线。

根据柱列轴线控制桩用经纬仪(全站仪)把柱列轴线投测在杯口顶面上(见图 9-5),并弹上墨线,用红漆画上"▲"标志,作为吊装柱子时控制轴线方向的依据。若柱列轴线和柱子中心线不重合时,需在杯形基础顶面上测设并弹出柱子中心线。

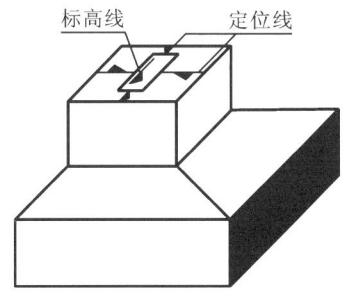

图 9-5　杯口柱列轴线投测

②测设杯口高程控制线。

在杯口内侧,利用水准仪测设一标高线(例如标高线为−50 cm),并用"▼"表示,从该线起向下量取一个整分米数即为杯底的设计标高,并用以检查杯底标高是否满足要求。

③柱身弹线。

在柱子吊装前,要将每根柱子按设计轴线位置进行编号,并至少在柱身的三个侧面上弹出柱子中心线,并在每条线的上端和下端(近杯口处)画上"▲"标志,为校正时照准。

④柱身高度和杯底标高检查。

柱身高度是指从柱子底面到牛腿面的长度,它等于牛腿面的设计高程与杯底设计高程之差,即杯底高程加柱身高度即为牛腿面的设计高程。为了保证牛腿面的高程符合设计要求,柱子在安装前必须检查柱身高度和杯底标高。

由于施工的因素,柱子的实际尺寸与设计尺寸有一定的误差,故检查柱身高度时,沿柱身4条棱线量出柱身的长度,取最长值为柱身高度,再用水准仪测定杯底高程,杯底高程加柱身高度即为牛腿面的设计标高。为保证牛腿面的标高符合设计要求,杯形基础施工时杯底高程往往降低3~5 cm,若所测杯底标高与所量柱身长度之和小于牛腿面的设计标高,可用水泥砂浆修填杯底找平。

3. 柱子安装时的测量工作

柱子安装的要求是保证柱子平面和高程位置符合设计要求,并保证竖直。利用吊车把柱子吊起插入柱基杯口中,使柱子三面中心线对准杯口中心线,用钢(或木)楔子进行固定,偏差值不能超过±5 mm。柱子立稳后,立即用水准仪测设柱身上的±0.000 m标高线,看其标高是否符合设计要求,允许误差为±3 mm。柱子经过初步固定后,进行垂直校正。柱子垂直校正测量时,用两架经纬仪安置在纵横轴线上,离柱子的距离约为柱高的1.5倍,如图9-6所示,先照准柱底中线,再渐渐仰视到柱顶,如中线偏离视线,表示柱子不垂直,则可指挥调节拉绳或支撑以及敲打楔子等方法使柱子垂直。经校正后,柱的中线与轴线偏差不得大于5 mm。

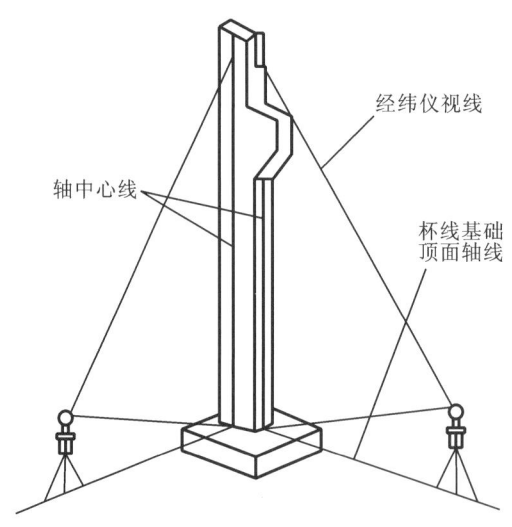

经纬仪视线

轴中心线

杯线基础
顶面轴线

图9-6 单个柱子垂直校正测量

在实际工作中,常把成排的柱子都竖起来,然后才进行校正。这时可把两台经纬仪分别安置在纵横轴线一侧,偏离中线不得大于3 m,安置一次仪器可校正几根柱子(见图9-7)。但在这种情况下,柱子上的中心标点或中心墨线必须在同一平面上,否则仪器必须安置在中心线上。

4. 柱子垂直校正的注意事项

①所用的经纬仪必须进行严格检验和校正,操作时严格整平(照准部的水准管气泡严格居中)和对中。

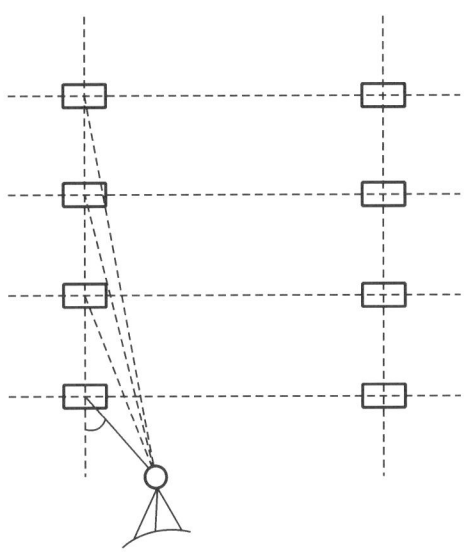

图 9-7　多排柱子垂直校正

②校正时,除注意柱子垂直外,还应随时检查柱子中心线是否对准杯口柱列轴线标志,以防柱子吊装就位后,产生水平位移。

③安装变截面的柱子,经纬仪必须设置在纵横轴线上进行垂直校正。

④在日照下校正柱子的垂直度,要考虑温度的影响,垂直校正工作宜在阴天或早、晚时进行。

9.4.2　吊车梁安装测量

吊车梁的安装测量主要是保证吊车梁中线位置和梁的标高满足设计要求。

1. 吊车梁安装前的准备工作

①根据柱子上的±0.000 m 标高线,用钢尺沿柱侧面向上量出牛腿面的设计标高线,并作标记,作为整平牛腿面及加垫板的依据。

②在吊车梁顶面和两端侧面上用墨线弹出梁的中心线,作为安装定位的依据,如图 9-8 所示。

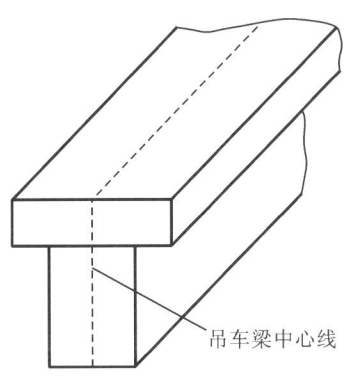

吊车梁中心线

图 9-8　吊车梁的中心线

2. 吊车梁安装中线测量

根据厂房控制网或柱列中心轴线端点,在地面上定出吊车梁中心线控制桩,然后用经纬仪将吊车梁中心线投测在每根柱子牛腿面上并弹上墨线,投点误差允许值为±3 mm,安装时尽量使吊车梁中心线与牛腿面上中心线对齐。

3. 吊车梁安装高程测量

在柱子上端比梁顶面高 5～10 cm 处测设一标高点,据此修平梁面。梁面整平以后,将水准仪置于吊车梁上,测设梁面的标高是否符合设计要求,误差应不超过±(3～5) mm。

9.4.3 吊车轨道安装测量

吊车轨道安装测量主要目的是保证轨道中心线和轨顶标高符合设计要求。

1. 吊车轨道中心线的测设

①平行线法测设轨道中心线。

安装吊车轨道前,需要在吊车梁顶面上将轨道中心线测设出来,当吊车梁在柱子牛腿上安装连接加固完成后,由于牛腿面上吊车梁中心线被吊车梁覆盖,要在吊车梁面上再次投测吊车梁中心线(即轨道中心线),以便安装吊车轨道。如图 9-9 所示,先在地面上沿平行于吊车轨中心线的方向 $A'A$、$B'B$ 向牛腿面方向(相对方向)各量一段距离 $A'C$ 和 $B'D$,令 $A'C$ =$B'D$=1 m,CC 和 DD 为与吊车轨道中心线相距 1 m 的平行线。然后将经纬仪安置在 C 点,瞄准另一 C 点,抬高望远镜向上投点,这时一人在吊车梁上横放一支 1 m 长的木尺,假使木尺一端在视线上,则另一端即为轨道中心线位置,可在梁面上画点,同样方法定出轨道中心其他各点,最后将所有点连接弹线,即为该侧轨道中心线。吊车轨道另一条中心线位置,可采用同样方法测设,也可以按照轨道中心线间的间距,根据已定好的一条轨道中心线,用悬空量距的方法定出来。

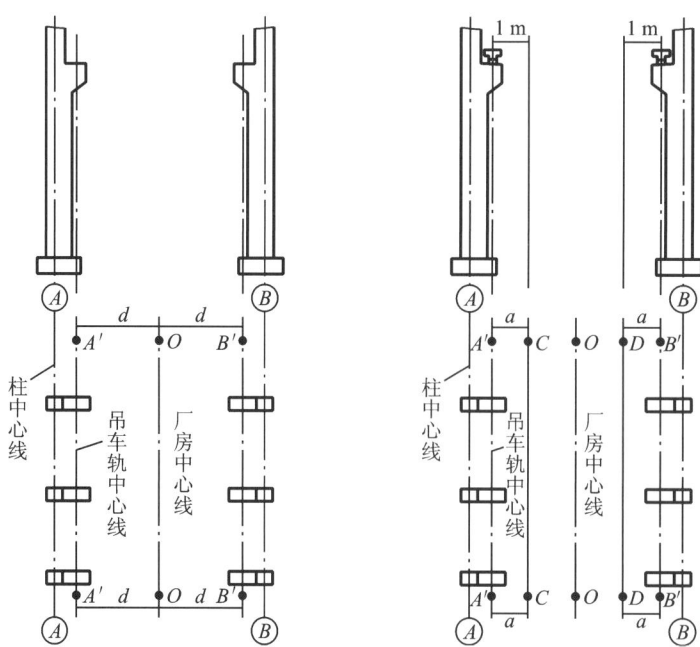

图 9-9 吊车梁和轨道的安装测量

②根据吊车梁两端投测的中线点测定轨道中心线。

根据地面上柱子中心线控制点或厂房控制网点,测出吊车梁(吊车轨道)中心线点。然后利用该点用经纬仪在厂房两端的吊车梁面上各投一点,两条吊车梁共投四点。投点允许偏差为±2 mm,再用钢尺(检测合格)丈量两端所投中线点的跨距是否符合设计要求,若超过±5 mm,则以实量长度为准予以调整。将仪器安置于吊车梁一端中线点上,照准另一端点,在梁面上进行中线投点加密,每隔18～24 m加密一点。

2. 吊车轨道安装前的标高测量

吊车轨道中线点测设完成后用墨斗弹出墨线,以便安放轨道垫板。在安装轨道垫板时,应根据柱子上端测设的标高线,利用水准仪测出垫板标高,使其符合设计要求,以便安装轨道,梁面垫板标高的测量允许偏差为±2 mm。

3. 吊车轨道检查测量

吊车轨道在吊车梁上安装完成后,进行检查测量工作,首先检查轨道中心线是否成一直线,其次检查轨道跨距及轨顶标高是否符合设计要求,检查结果填入相应表格,作为竣工资料。

①轨道中心线的检查。

将经纬仪架设于吊车梁上投测点,照准预先在墙上或屋架上引测的中心线两端点,用正倒镜法将仪器中心移至轨道中心线上,而后每隔18 m投测一点,检查轨道的中心是否在一直线上,允许偏差为±2 mm,否则,应重新调整轨道。

②跨距检查。

在两条轨道对称点上,用钢尺精密丈量其跨距尺寸,实测值与设计值相差不得超过3～5 mm,否则,应予以调整。轨道安装中心线经调整后,必须保证轨道安装中心线与吊车梁实际中心线的偏差小于±10 mm。

③轨顶标高检查。

吊车轨道安装好后,根据在柱子上端测设的标高线(水准点)检查轨顶标高,在两轨接头处各测一点,中间每隔6 m测一点,允许误差为±2 mm。

【思考题与习题】

1. 阐述厂房矩形控制网的测设方法。
2. 工业建筑施工测量的主要内容有哪些?
3. 阐述预制柱子或者钢构柱吊装测量工作内容和方法。
4. 柱子垂直度如何测设?应注意有哪些要求?
5. 工业厂房挂列轴线如何测设?它的作用是什么?
6. 吊车轨道安装测量工作内容有哪些?

项目十　高层建筑施工测量

>>→ ┃学习目标

1. 了解竣工总平面图的编绘内容;

2. 熟悉建筑物裂缝与位移观测的方法,熟悉建筑物沉降观测和倾斜观测的方法和操作;

3. 掌握高层建筑定位测量和基础施工测量的方法,掌握轴线投测和标高传递的具体操作方法。

　　高层建筑是指超过一定高度和层数的多层建筑,各个国家标准不一。我国规定超过 10 层的住宅建筑和超过 24 米高的其他民用建筑为高层建筑。近年来,高层建筑在全国各大中城市中悄然屹立,蓬勃发展。由于高层建筑的主体建筑高、层数多、建筑面积大、结构形式复杂多样、竖井和设备多,因此,在工程施工过程中对建筑物各轴线的水平位置、轴线尺寸、垂直度和标高要求都十分严格。为确保施工测量满足规范精度要求,施工前要认真研究和制定测量方案,选用符合精度要求的测量仪器,拟定出各种误差控制范围和检核措施,并密切配合工程进度,以便及时、快速、准确地进行测量放线,为下一步施工提供平面和标高依据。

　　高层建筑施工测量的工作内容较多,这里主要介绍高层建筑定位测量、高层建筑基础施工测量、高层建筑地上部分的轴线投测、高层建筑的高程传递以及建筑物变形观测等方面内容。

10.1　高层建筑定位测量

10.1.1　建立施工控制方格网

　　高层建筑的定位测量是确定建筑物的平面位置,主要依据设计提供的测量控制点(一般是城市测量控制网点),首先复核设计提供的平面和高程控制点,复核合格后,根据设计平面控制点和现场实际情况采用极坐标法(主要的测设方法,有时也采用直角坐标法)测设建立专用的施工控制方格网,再根据方格网进行定位测量。施工控制方格网一般在总平面布置图上进行设计,是平行于建筑物主要轴线方向的矩形控制网,要求设在基坑开挖边界以外一定距离(例如 5 m)。

10.1.2　测设主轴线控制桩

　　根据建筑物四廓主要轴线与施工控制方格网的间距,测设主轴线控制桩。测设时要以施工方格网两端控制点为准,目前多数单位采用全站仪测设轴线控制桩,轴线控制桩测设完成后,施工时可快速、准确地在现场确定建筑物的四个主要角点,建筑物的中轴线等重要轴线也要根据施工控制方格网进行测设,与四廓的轴线一起称为施工控制网中的控制线。一般要求控制线的间距为 30～50 m,施工方格网控制线的测距精度不低于 1/10000,测角精度不低于 ±10″。

10.2 高层建筑基础施工测量

10.2.1 测设基坑开挖边线

由于高层建筑一般设有1～2层地下室,所以需要进行基坑开挖。开挖前,首先根据建筑物的轴线控制桩测出建筑物的外墙边线,然后根据基坑开挖方案确定的边坡放坡宽度,再考虑基础施工所需工作面的宽度,在施工现场放出基坑的开挖边线并撒上灰线。

10.2.2 基坑开挖过程中的测量工作

高层建筑的基坑深度一般超过5 m,一般需要放坡并进行边坡支护加固,开挖过程中,一方面需要定期用经纬仪(全站仪)检查边坡的位置,防止出现坑底边线内收或外放;另一方面需要定期用水准仪测量开挖深度,防止超挖。

10.2.3 基础放线及基础标高控制

1. 基础放线

高层建筑基础通常有以下三种类型:一是先施工垫层,然后做箱形基础或筏板基础,这种情况要求在垫层上测出基础的各边界线、梁轴线、墙宽线等;二是在基坑底部设计桩基础,这种情况需在坑底测设桩的中心点,桩基完工后,测设桩承台和承重梁的中心线;三是先做桩基础,然后在桩顶上做箱基或筏基,组成复合基础,这时的测量工作是前两种情况的结合。

基坑开挖完成后,不管基础设计采用何种形式,都需要在基坑中测设基础的各种轴线。测设时,首先根据基坑上主轴线控制桩,利用经纬仪(或全站仪)向坑内投测,要求盘左、盘右各投测一次,然后取中数,而后定出四大角和其他主轴线,再利用经纬仪(或全站仪)检核轴线间距离和角度。检核合格后,根据主轴线放出其他细部轴线,再根据基础详图等设计文件,测出施工中需要的各结构部位(如:梁、柱、墙和电梯井)的中心线和边线。

有时为了通视和量距方便,可能需要测设基础轴线的外移平行线,这时要在现场做好标注,并在内业控制文件上显著标明,防止出错。此外,一些基础桩、梁、柱、墙的中线不一定与建筑轴线重合,而是偏移某个尺寸,因此要认真熟悉图纸,计算检核无误后方可施测。在垫层上放线时,可以将轴线和边线直接用墨线弹在垫层上。

2. 基础标高控制

基坑开挖完成后,用水准仪根据地面上的±0.000水平线将高程引测到坑底,并在基坑护坡的钢板或混凝土桩上做好标高为负的整米数的标高线,在基坑内要引测4个以上标高线,若基坑侧壁近乎垂直,可用悬吊钢尺代替水准尺进行测量。

10.3 高层建筑地上部分的轴线投测

高层建筑的轴线投测就是将建筑物的基础轴线准确地向高层引测。随着建筑结构的升高,要将首层轴线逐层向上投测,投测的轴线是各层放线和结构垂直度施工控制的依据。建筑物施工放样和轴线投测的允许偏差见表10-1。

表 10-1　建筑物施工放样和轴线投测的允许偏差

项　　目	内　　容		允许偏差/mm
轴线竖向投测	每　　层		3
	总高 H/m	$H\leqslant30$	5
		$30<H\leqslant60$	10
		$60<H\leqslant90$	15
		$90<H\leqslant120$	20
		$120<H\leqslant150$	25
		$150<H$	30
各施工层上放线	外廓主轴线长度 L/m	$L\leqslant30$	±5
		$30<L\leqslant60$	±10
		$60<L\leqslant90$	±15
		$90<L$	±20

10.3.1　经纬仪或全站仪投测法(也称外控法)

高层建筑物的基础工程完工后,用经纬仪将建筑物的主轴线(或称中心轴线)精确地投测到建筑物底部侧面,并设标志,以供下一步施工与向上投测之用,并以主轴线为基准,把建筑物角点投测到基础顶面,并对所有主轴线进行复核。

随着建筑物的升高,要逐层将轴线向上投测传递,如图 10-1 所示,向上投测传递轴线时,将经纬仪安置在远离建筑物的轴线控制桩 1、1′和 A、A′上,分别以盘左、盘右两个盘位照准建筑物底部侧面所设的轴线标志 1 轴和 A 轴,向上投测到每层楼面上,取正、倒镜两投测点的中点,即得投测在该层上的轴线交点即为该层 1 轴和 A 轴的交点。

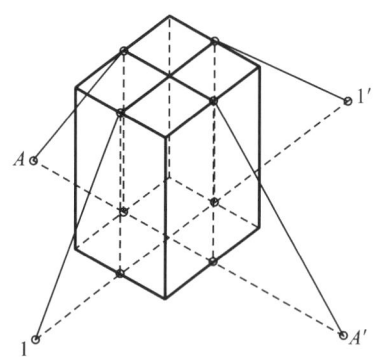

图 10-1　低层时经纬仪投测轴线

随着建筑物楼层增加,经纬仪向上投测的仰角增大,则投点误差也随之增大,投点精度降低,且观测操作不方便,因此,必须将主轴线控制桩引测到远处的稳固地点或附近大楼的屋面上,如图 10-2 所示,所选轴线控制桩位置距建筑物宜在(0.8~1.5)H 外(H 为建筑物总高,以米为单位),以减小仰角。

所有主轴线投测上来后,应进行角度和距离的检验,合格后再以此为依据测设其他轴线。为了保证投测质量,使用的经纬仪必须进行严格检验校正,尤其是照准部水准管轴应精

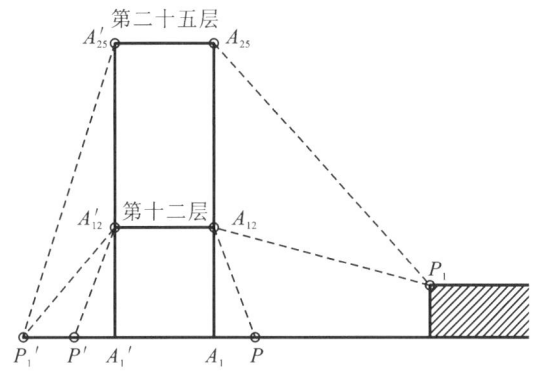

图 10-2　高层时经纬仪投测轴线

密垂直仪器竖轴,为避免日照、风力等不良影响,宜在阴天、早晨、无风时进行投测,本方法适用于现场比较开阔、结构围护少及施工干扰少的施工场地。

10.3.2　内控法

内控法是在建筑物内±0.000首层平面设置轴线控制点,在各层楼板相应位置上预留直径150 mm的传递孔,在轴线控制点上直接采用吊线坠或激光铅垂仪等设备,通过预留孔将其点位垂直投测到任一楼层。

内控法轴线控制点的设置,在零层基础墙体施工完成后,选择适当位置设置与主轴线平行的辅助轴线,辅助轴线布设精度不低于主轴线要求,辅助轴线距主轴线以500～1000 mm为宜,如图10-3所示。在零层顶板混凝土施工前,在辅助轴线交点处埋设钢板(10 mm×10 mm)标志,钢板通过锚固筋与零层顶板(即首层地面)钢筋焊牢,零层顶板混凝土完工后,根据辅助轴线控制点(桩)测设轴线控制点,如图10-3中1、2、3、4号点,检核合格后用钢针刻画成十字线,作为竖向轴线投测的基准点。一般每一流水段至少布设2～3个内控基准点,在竖向投测前,还应对钢板基准点控制网进行校核,检核精度不宜低于建筑物平面控制网的精度。

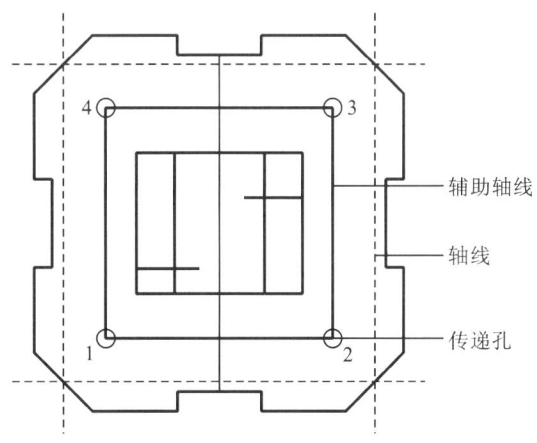

辅助轴线
轴线
传递孔

图 10-3　内控点布设

将首层地面上的所有基准点都投测到同一楼层(例如20层)后,先检核投测至20层的辅助轴线是否满足要求(主要是检核角度和距离),检核合格后再根据辅助轴线测设该层主轴线,并检核主轴线的距离和角度,检核合格后,再根据主轴线用钢尺测设其余细部轴线。

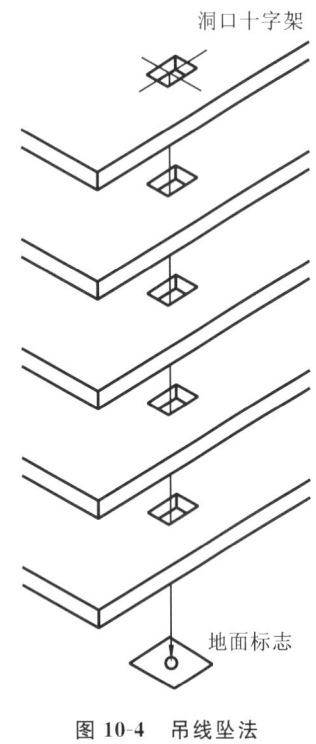

洞口十字架

地面标志

图 10-4　吊线坠法

1. 吊线坠法

如图 10-4 所示,吊线坠法是利用钢丝悬挂重锤球的方法,进行轴线竖向投测,这种方法一般适用于建筑高度不超过 100 m 的高层建筑施工中,锤球的质量为 10～20 kg,钢丝的直径为 0.5～0.8 mm。投测方法如下:在预留孔上面安置十字架,在十字架中心挂上锤球,对准首层预埋标志,当锤球线静止时,固定十字架,并在预留孔四周作出标记,作为以后恢复轴线及放样的依据。此时,十字架中心即为轴线控制点在该层楼面上的投测点。

吊线坠法简单、经济、直观,适用于周围建筑物密集、狭窄的场地,但费时费力,目前在高层建筑中采用较少,一般仅作为进行比较和检验的辅助手段。

2. 经纬仪天顶测量法

经纬仪天顶测量法是在经纬仪上加上 90°弯管目镜附件(即弯竹棱镜)后,再进行轴线垂直测量。

用经纬仪进行天顶法测量,关键是仪器的视准轴与竖轴在同一方向线上,为了提高投测精度,需要按照下面施测程序和操作方法进行。

①当基础施工完成后,应随即设定标志,作为轴线控制点。

②每次施测前,认真校验经纬仪,检验和校正见项目三(3.6.2 节)相关内容。施测时,严格对中整平,然后装上弯管目镜,在天顶的测设层位置上,设置目标分划板。

③将望远镜指向天顶,使视准轴与竖轴在同一方向线上,固定后,通过调整望远镜的焦距和调动微动手轮,使目标分划板成像清晰,并使望远镜十字丝与分划板上的纵横丝重合,这时,望远镜十字丝交点对准分划板纵、横丝的交点,则该交点即是所要投测的轴线投测点。

④将仪器照准部分别旋转 0°、90°、180°和 270°,检查十字丝交点与目标分划板上纵、横丝交点是否重合,如差异较小,在透明板上投测四个点,然后取十字交叉点作为轴线投测点,同理,盘右再投测一次,取两次的中点作为最终投测点。

⑤在天顶楼层上测定各点后,复测各投测点之间的距离和角度,据此测设楼面其他细部轴线和尺寸。

⑥投测过程中注意仪器和人员的安全,采取保护措施。

3. 经纬仪俯视测量法

经纬仪俯视法的原理和方法与经纬仪天顶测量法相反,是将经过适当改造的经纬仪,放置在需要引测楼层的楼面上,先将望远镜的视准线垂直俯视首层地坪上的轴线控制点,然后确定楼面上的引测点,由于仪器的中轴是空心的,所以可以观测正下方的目标。

经纬仪俯视测量法的优点是操作比较简单,易于掌握,测速快,工效高,适用于场地狭小,周围建筑物密集的高层建筑。由于每次都直接观察地面轴线控制点,所以不会产生积累误差,缺点是要对现有经纬仪做适当改造,而且不方便在夜间进行投测,若必须投测时,要在轴线控制点旁边安装照明设备,提高目标清晰度后,才能投测。

在俯视测量法中,瑞士威特厂生产的 NL 型自动天底准直仪精度较高。它和 ZL 自动天顶准直仪一样,安置仪器并定平圆水准盒后,可自动给出天底方向。此类仪器精度高,但价格亦贵,适用于精密工程的施工测量。

4. 激光经纬仪法

目前,国内苏光测绘仪器有限公司(简称苏光)生产的激光经纬仪是在 J2 级、J6 级光学经纬仪的望远镜筒上,安装氦-氖(He-Ne)气体激光器,用一组导光系统把经纬仪望远镜的光学系统联系起来,组成激光发射光学系统,再配上激光电源,便成为激光经纬仪。观测时为使望远镜观察目标方便,激光束进入发射系统前设有遮光转换开关,遮去发射的激光束,便可在目镜处观察目标,而不必关闭电源口,如图 10-5 为苏光 J2-JDE 激光经纬仪。

激光经纬仪的操作同普通经纬仪,只是用激光代替肉眼观测,投测方法为:在首层控制点上架设激光经纬仪,严格对中整平后启动电源,可向天顶发射一条垂直的激光束,投射到上层预留孔的接收靶上,通过调节望远镜调焦螺旋,使投测在接收靶上的激光束光斑最小,将仪器依次旋转 90°、180°、270°,形成四个投影点,将四点连成十字,其中交点即为圆心,再移动接收靶使其中心与圆心重合,并将接收靶固定,则靶心为投测的轴线点。激光经纬仪的优点是依靠发射激光束来扫描定点,且能在夜间或黑暗场地进行测量工作,不受风吹、日照等自然环境影响。

5. 激光垂准仪法

激光垂准仪是在光学垂准系统的基础上添加了半导体激光器,可以分别给出上下同轴的两条激光铅垂线,并与望远镜视准轴同心、同轴、同焦,激光垂准仪用于轴线投测时,操作方法和原理基本与激光经纬仪相同,主要区别是激光垂准仪用激光管尾部射出的光束对中,而激光经纬仪根据光学对中器对中。国内的激光垂准仪主要类型有:博飞 DJZ2 和 DZJ3-L1、苏光 DZJ2、DZJ200 和 JC100。如图 10-6 所示为苏光 DZJ200 激光垂准仪,主要由氦氖激光器、竖轴、水准管、基座等部分组成。

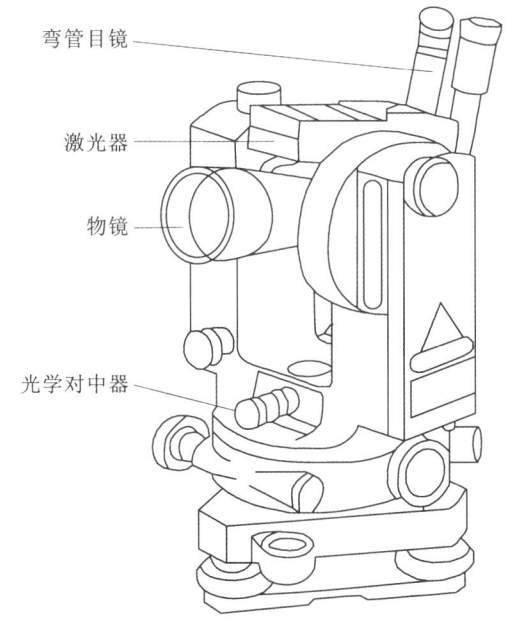

图 10-5 苏光 J2-JDE 激光经纬仪

图 10-6 苏光 DZJ200 激光垂准仪

6. 激光铅垂仪法

激光铅垂仪是一种专用的铅直定位仪器,比较广泛地应用于烟囱、高塔架和高层建筑的铅直定位投测。它操作简便,精度高并能自动控制竖直偏差,主要由氦氖激光器、竖轴、发射望远镜、管水准器和基座等部件组成,激光器通过两组固定螺钉固装在套筒内。仪器的竖轴是一个空心轴,两端有螺扣,激光器套筒安装在下端(或上端),发射望远镜安装在上端(或下端),即构成向下(或向上)发射的激光铅直仪。仪器上设置有两个互成90°的管水准器,分划值一般为20″/mm,仪器配有专用激光电源,使用时利用激光器底端(全反射棱镜端)所发射的激光束进行对中,通过调节基座整平螺旋,使管水准器气泡严格居中,从而使发射的激光束铅垂,具体操作同激光经纬仪。

10.4 高层建筑的高程传递

高层建筑物施工中,需要从首层地面向上传递标高,以便控制上层楼板、门窗、室内装修等工程的标高满足设计要求,施工中的标高偏差见表10-2。标高传递的方法有悬吊钢尺法、钢尺直接丈量法、利用皮数杆传递高程等。

表 10-2　建筑物标高传递的允许偏差

项　　目	内　　容		允许偏差
标高竖向投测	每层		±3 mm
	总高	$H \leqslant 30$ m	±5 mm
		30 m$<H \leqslant 60$ m	±10 mm
		60 m$<H \leqslant 90$ m	±15 mm
		90 m$<H \leqslant 120$ m	±20 mm
		120 m$<H \leqslant 150$ m	±25 mm
		150 m$<H$	±30 mm

10.4.1　悬吊钢尺法

在外墙或楼梯间悬吊一根钢尺,分别在地面和楼面上安置水准仪,将标高传递到楼面上,用于高层建筑传递标高的钢尺应经过检定合格,量取高差时尺身应铅直和用规定的拉力,并应进行温度改正、尺长和拉力改正。传递点的数目应根据建筑物的大小和高度确定,一般情况下宜从三处以上分别向上传递,该方法目前在高层建筑高程传递中应用广泛。

10.4.2　钢尺直接丈量法

首层施工完后,在结构的外墙面、电梯井或楼梯间测设"+50标高线",在该水平线上方便向上挂尺的地方,沿建筑物的四周均匀布置3~5个点,作出明显标记,作为向上传递高程基准点,这几个点必须上下通视,结构面无突出为宜。以这几个基准点向上垂直拉尺到施工面上以确定各楼层施工标高,在施工面上首先利用水准仪进行校核,其误差应不超过±3 mm,当相对标高差小于3 mm时,取其平均值作为该层标高的后视读数,并抄测该层水平"+50标高线"。若建筑高度超过整尺段(30 m或50 m),可每隔一个尺段的高度精确测设新的起始标高线,作为继续向上传递高程的依据,钢尺要检定合格,并应进行温度改正、尺长和拉力改正。

10.4.3 利用皮数杆传递高程

在皮数杆上自±0.000 标高线起,将门窗、过梁、楼板等构件的标高注明,一层楼砌好后,则从一层皮数杆起一层一层往上接。

10.5 建筑物变形观测

10.5.1 变形观测的基础知识

高层建筑物、重要厂房和大型设备及其地基由于建筑物本身荷重、地质条件变化、大气温度变化、地基的塑性变形、地下水位等外界因素引起的基础和建筑物的各种变形,称为建筑物的变形。建筑物的变形有建筑物的沉降、倾斜、裂缝和平移,在建筑物的设计及施工中,应全面地考虑这些因素,控制建筑物及其基础的变形值不超出允许值。为保证建筑物在施工、使用和运行中的安全,以及为建筑物的设计、施工、管理及科学研究提供可靠的资料,在建筑物施工和运行期间,需要对建筑物的稳定性进行观测,这项工作称为建筑物的变形观测。

建筑物变形观测的主要内容有建筑物沉降观测、建筑物倾斜观测、建筑物裂缝观测和位移观测等。建筑物变形观测的工作内容是周期性地对设置在建筑物上的观测点进行重复观测,求得观测点位置的变化量。

建筑物变形观测能否达到预定目的受很多因素的影响,最主要的因素是变形监测网的网点布设、变形观测的精度与频率。变形监测网的网点分为基准点、工作基点和变形观测点,其布设应符合下列要求。

(1)基准点,应选在变形影响区域之外稳固可靠的位置。每个工程至少应有 3 个基准点。大型的工程项目,其水平位移基准点应采用带有强制归心装置的观测墩。垂直位移基准点宜采用双金属标或钢管标。

(2)工作基点,应选在比较稳定且方便使用的位置。设立在大型工程施工区域内的水平位移监测工作基点宜采用带有强制归心装置的观测墩。垂直位移监测工作基点可采用钢管标。对通视条件较好的小型工程,可不设立工作基点,在基准点上直接测定变形观测点。

(3)变形观测点,应设立在能反映监测体变形特征的位置或监测断面上。监测断面一般分为关键断面、重要断面和一般断面。有特殊需要时,还应埋设一定数量的应力、应变传感器。

建筑物变形观测的精度根据变形观测的目的及变形值的大小而异,没有一个明确的规定。如果观测的目的是为了监视建筑物的安全监测,精度要求稍低,只要满足预警需要即可。在 1971 年的国际测量工作者联合会(FIG)上,建议观测的中误差应小于允许变形值的 $1/20\sim1/10$,例如,某高层建筑物的沉降设计允许值为 150 mm,以其允许变形值 1/20 作为观测中误差,则观测精度为 $m=\pm7.5$ mm。如果是为了研究建筑物变形的过程和规律,则精度应尽可能高些,因为精度的高低会影响观测成果的可靠性。通常,对建筑物的变形观测要反映至 $1\sim2$ mm 的变形量。

观测频率的确定随载荷的变化及变形速率而异,观测过程中,可根据变形量的变化情况做适当的调整。例如,高层建筑在施工过程中的变形观测,通常楼层加高 $1\sim2$ 层即应观测一次。

变形监测作业前,应收集相关水文地质、岩土工程资料和设计图纸,并根据岩土工程地质条件、工程类型、工程规模、基础埋深、建筑结构和施工方法等因素,进行变形监测方案设计。方案包括监测的目的、精度等级、监测方法、监测基准网的精度估算和布设、观测周期、项目预警值和使用的仪器设备等内容。

10.5.2 建筑场地沉降观测

建筑场地沉降观测分为相邻地基沉降观测与场地地面沉降观测,是根据建筑设计、施工的实际需要特别是软土地区密集房屋之间的建筑施工需要来确定的,毗邻的高层与低层建筑或新建与已建的建筑,由于荷载的差异,引起相邻地基土的应力重新分布,而产生差异沉降,致使毗邻建筑物遭到不同程度的危害。差异沉降越大,建筑刚度越差,危害愈烈,轻则房屋粉刷层坠落、门窗变形,重则地坪与墙面开裂、地下管道断裂,甚至房屋倒塌。因此建筑场地沉降观测的首要任务是监测已有建筑安全,开展相邻地基沉降观测,以提供有效数据,确切反映建筑物及其场地的实际变形程度或变形趋势,并以此作为确定作业方法和监测外围建筑物的安全依据。

在相邻地基变形范围之外的地面,由于降雨、地下水等自然因素与采掘等人为因素的影响,也产生一定沉降,并且有时相邻地基沉降与场地地面沉降还会交错重叠。

对相邻地基沉降观测点的布设,可在以建筑基础深度 1.5~2.0 倍的距离为半径的范围内,以外墙附近向外由密到疏进行布置,对相邻地基和建筑场地的沉降观测,一般采用四等监测精度。

10.5.3 建筑物沉降观测

建筑物的沉降观测是用水准测量的方法,周期性观测建筑物上的沉降观测点和水准基点的高差变化值。建筑物在施工和运营期间,对埋设在基础和建筑物上的观测点定期用精密水准测量的方法测定它们的高程,比较观测点不同周期的高程即可求得其沉降值。

1. 水准基点的布设

水准基点是沉降观测的基准,它的埋设必须保证稳定和能够长久保存,因此水准基点的布设应满足以下要求。

①水准基点必须设置在沉降影响范围以外,冰冻地区水准基点应埋设在冰冻线以下 0.5 m。

②为了保证水准基点高程的正确性,水准基点最少应布设 3 个,以便相互检核。

③水准基点和观测点之间的距离应适中,相距太远会影响观测精度,一般应在 80 m 范围内,水准点帽头宜用铜或不锈钢制成,如用普通钢代替,应注意防锈,水准基点埋设须在基坑开挖前 15 天完成。

④水准基点可用二等水准与城市水准点联测,也可采用假定高程。

⑤水准基点可按实际要求,采用深埋式和浅埋式两种,但每一观测区域内,至少应设置一个深埋式水准点。

2. 沉降观测点的布设

进行沉降观测的建筑物或构筑物应埋设沉降观测点,沉降观测点的布设应满足以下要求。

①观测点具体设置一般由设计单位根据地基的工程地质资料及建筑结构的特点确定。

对设计未作规定而按有关规定需作沉降观测的建筑物或构筑物,其沉降观测点布置位置由施工企业技术部门负责确定,报建筑(监理)单位审核。沉降观测点一般应布设在能全面反映建筑物和构筑物基础沉降情况的部位,如建筑物四角,沉降缝两侧,荷载有变化的部位。大型设备基础,柱子基础和地质条件变化处,一般可沿墙的长度每隔 10~15 m 或每隔 2~3 根柱基上设置,并应设置在建筑物上。当建筑物的宽度大于 15 m 时,内墙应在适当位置安设观测点。框架式结构的建筑物,应在每一个桩基或部分桩基上安设观测点。具有浮筏基础或箱式基础的高层建筑,观测点应沿纵、横轴和基础(或接近基础的结构部分)周边设置。新建与原有建筑物的连接处两边,都应设置观测点。烟囱、水塔、油罐及其他类似的构筑物的观测点,应沿周边对称设置且每一构筑物不得少于 5 个点。

②观测点标志上部应为突出的半球形或有明显的突出之处,并应及时埋设,且与柱身或墙保持一定距离,以保证能在标志上部垂直立尺。

③观测点的埋设要求稳固,通常采用角钢、圆钢或铆钉作为观测点的标志,并分别埋设在砖墙上、钢筋混凝土柱子上和设备基础上,高度以高于室内地坪(±0.000)0.2~0.5 m 为宜,沉降观测点的设置形式如图 10-7 所示。

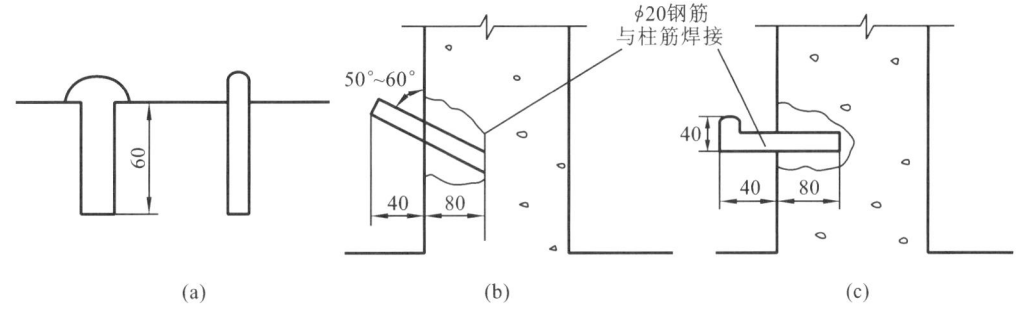

图 10-7　沉降观测点的设置形式(单位:mm)

3. 沉降观测的周期及精度要求

沉降观测的周期应能反映出建筑物的沉降变形规律,特别是首次观测必须按时进行,否则沉降观测得不到原始数据,从而使整个观测得不到完整的观测结果。当埋设的沉降观测点稳固后,在建筑物主体开工前,进行第一次观测。在施工阶段,观测的频率要大些,一般按 3 天、7 天、15 天确定观测周期,或按层数、荷载的增加确定观测周期。观测周期应视施工过程中地基与加荷而定。如暂时停工时,在停工时和重新开工时均应各观测一次,以便检验停工期间建筑物沉降变化情况,为重新开工后沉降观测的方式、次数是否应调整作判断依据。在竣工后,观测的频率可以小些。根据地基土类型和沉降速度的大小而定,一般有一个月、两个月、三个月、半年与一年等不同周期。沉降是否进入稳定阶段,应由沉降量与时间关系曲线判定,如果最后两个观测周期的平均沉降速率小于 0.02 mm/日,可以认为整体趋于稳定。如果各点的沉降速率均小于 0.02 mm/日,即可终止观测。否则,应继续每 3 个月观测一次,直至建筑物沉降稳定为止。

观测时先后视水准基点,接着依次前视各沉降观测点,最后再次后视该水准基点,两次后视读数之差不应超过±1 mm。另外,沉降观测的水准路线(从一个水准基点到另一个水准基点)应为闭合水准路线。

沉降观测的精度应根据建筑物的性质而定。多层建筑物的沉降观测可采用 DS3 水准仪,用普通水准测量的方法进行,其水准路线的闭合差不应超过 $\pm 2.0\sqrt{n}$ mm(n 测站数)。高层建筑物的沉降观测,则应采用 DS1 精密水准仪,用二等水准测量的方法进行,其水准路线的闭合差不应超过 $\pm 1.0\sqrt{n}$ mm(n 为测站数)。沉降观测是一项长期、连续的工作,为了保证观测成果的正确性,应尽可能做到"四定",即固定观测人员,使用固定的水准仪和水准尺,使用固定的水准基点,按固定的实测路线和测站进行。

4. 沉降观测的成果整理

①整理原始记录。

每次观测结束后,应检查记录的数据和计算是否正确,精度是否合格,然后调整高差闭合差,推算出各沉降观测点的高程,并填入"建筑物沉降观测记录表 1"中(见表 10-3)。

表 10-3　建筑物沉降观测记录表 1

工程名称:＊＊＊＊＊＊＊　工程项目

结构形式:　框剪　　　　　层数:28 层　　　　仪器:天宝 DINI03　　(水准仪)

水准点号数及高程:BM1=8.5921 m,BM2=8.4618 m

测点	2010 6.8 初次高程 /m	2010.7.10				2010.7.25				2010.8.12				2010.8.25			
		天气情况	高程 /m	本次下沉 /mm	累计下沉 /mm	天气情况	高程 /m	本次下沉 /mm	累计下沉 /mm	天气情况	高程 /m	本次下沉 /mm	累计下沉 /mm	天气情况	高程 /m	本次下沉 /mm	累计下沉 /mm
A	+9.215	晴	+9.214	−1		晴	+9.214	0	−1	阴	+9.213	−1	−2	阴	+9.213	0	−2
B	+9.236	晴	+9.234	−2		晴	+9.233	−1	−3	阴	+9.233	0	−3	阴	+9.232	−1	−4
C	+8.890	晴	+8.889	−1		晴	+8.888	−1	−2	阴	+8.887	−1	−3	阴	+8.887	0	−3
D	+8.831	晴	+8.830	−1		晴	+8.830	0	−1	阴	+8.829	−1	−2	阴	+8.828	−1	−3
E	+9.191	晴	+9.190	−1		晴	+9.189	−1	−2	阴	+9.189	0	−2	阴	+9.188	−1	−3
F	+9.202	晴	+9.201	−1		晴	+9.200	−1	−2	阴	+9.199	−1	−3	阴	+9.199	0	−3
G	+9.179	晴	+9.178	−1		晴	+9.178	0	−1	阴	+9.177	−1	−2	阴	+9.177	0	−2
H	+9.549	晴	+9.547	−2		晴	+9.546	−1	−3	阴	+9.546	0	−3	阴	+9.545	−1	−4
形象进度	2 层梁板浇筑完成	3 层梁板浇筑完成				4 层梁板浇筑完成				5 层梁板浇筑完成				6 层梁板浇筑完成			

测量人:　　　　　　计算人:　　　　　审核人:　　　　　　　　观测单位:

②计算沉降量。

a. 计算各沉降观测点的本次沉降量:

沉降观测点的本次沉降量＝本次观测所得的高程－上次观测所得的高程

b. 计算累积沉降量:

累积沉降量＝本次沉降量＋上次累积沉降量

将计算出的沉降观测点本次沉降量、累积沉降量和观测日期、天气、层数情况等记入"建筑物沉降观测记录表 2"中(见表 10-4)。

表 10-4 建筑物沉降观测记录表 2

工程名称：× × × × × × × × 工程项目
结构形式： 框剪 层数：28 层 仪器：天宝 DINI03 （水准仪）
水准点号数及高程：BM1＝8.5921 m，BM2＝8.4618 m

测点	2010.6.8 初次高程/m	2010.10.20				2011.01.25				2011.4.02				2011.7.20			
		天气情况	高程/m	本次下沉/mm	累计下沉/mm	天气情况	高程/m	本次下沉/mm	累计下沉/mm	天气情况	高程/m	本次下沉/mm	累计下沉/mm	天气情况	高程/m	本次下沉/mm	累计下沉/mm
A	+9.215	晴	+9.209	−4	−6	晴	+9.204	5	−11	阴	+9.201	−3	−14	阴	+9.197	−4	−18
B	+9.236	晴	+9.227	−5	−9	晴	+9.224	−3	−12	阴	+9.220	−4	−16	阴	+9.216	−4	−20
C	+8.890	晴	+8.884	−3	−6	晴	+8.881	−4	−9	阴	+8.876	−5	−14	阴	+8.875	−2	−16
D	+8.831	晴	+8.824	−4	−7	晴	+8.821	−3	−10	阴	+8.817	−3	−13	阴	+8.815	−2	−15
E	+9.191	晴	+9.183	−5	−8	晴	+9.180	−3	−11	阴	+9.177	−3	−14	阴	+9.174	−3	−17
F	+9.202	晴	+9.196	−3	−6	晴	+9.192	−4	−10	阴	+9.190	−2	−12	阴	+9.186	−4	−16
G	+9.179	晴	+9.174	−3	−5	晴	+9.173	−4	−9	阴	+9.170	−3	−12	阴	+9.165	−5	−17
H	+9.549	晴	+9.542	−3	−7	晴	+9.538	−4	−11	阴	+9.534	−4	−15	阴	+9.530	−4	−19
形象进度	2层梁板浇筑完成	10层梁板浇筑完成				15层梁板浇筑完成				20层梁板浇筑完成				28层梁板浇筑完成			

测量人： 计算人： 审核人： 观测单位：

③绘制沉降曲线。

如图 10-8 所示，选择 A、B、C、D 四个点绘制沉降曲线图，沉降曲线分为上、下两部分，上半部分为荷载（楼层）与时间关系曲线，下半部分为沉降量与时间关系曲线。

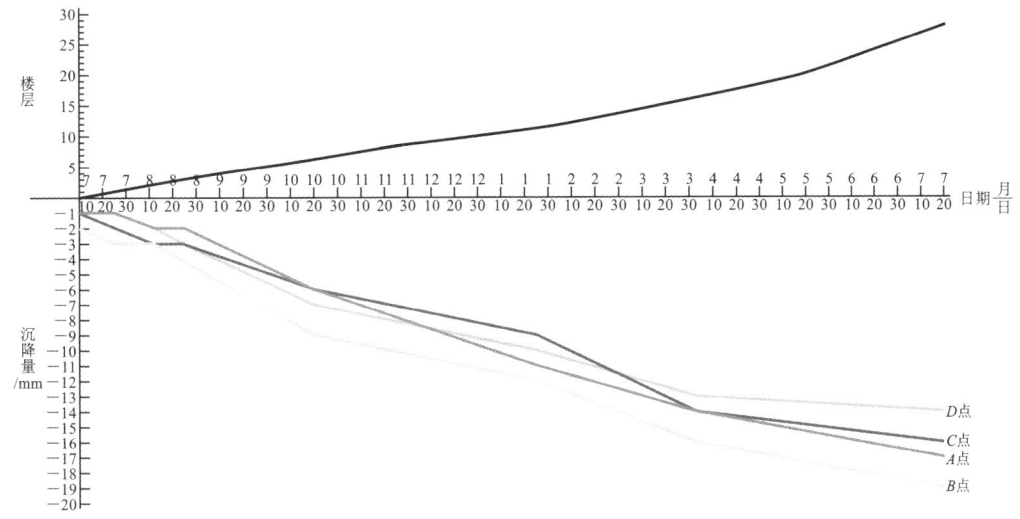

图 10-8 沉降曲线图

　　a. 绘制时间与沉降量关系曲线，以沉降量为纵轴，以时间为横轴，形成直角坐标系，然后以每次累积沉降量为纵坐标，以每次观测日期为横坐标，标出沉降观测点的位置，最后，用曲线将标出的各点连接起来，并在曲线的一端注明沉降观测点号码，这样就绘制出了时间与沉降量关系曲线图。

　　b. 绘制时间与荷载(楼层)关系曲线，以荷载(楼层)为纵轴，以时间为横轴，形成直角坐标系，然后根据每次观测时间和相应的荷载(楼层)标出各点，将各点连接起来，即可绘制出时间与荷载(楼层)关系曲线图。

10.5.4　建筑物倾斜观测

　　很多高耸建(构)筑物，如高层楼房、电视塔、烟囱等，由于基础不均匀的沉降将使建筑物倾斜，随着不均匀沉降的累积，将使建筑物产生裂缝甚至倒塌。因此，必须根据设计要求进行倾斜观测、处理以保证建筑物的安全。建筑物倾斜观测就是利用测量仪器测定建筑物的基础和上部结构的倾斜变化——倾斜的方向、大小、速率等。对于建筑物而言，若设置整体倾斜观测点，则布设在建(构)筑物竖轴线或其平行线的顶部和底部；若设置分层倾斜观测点，则分层布设高低点，倾斜观测点采用固定标志、反射片或建(构)筑物的特征点。倾斜度用顶部的观测点水平位移值 d 与高度 H 之比表示，即 $i = \dfrac{d}{H}$，倾斜观测可采用经纬仪投点法、前方交会法、正锤线法、激光准直法、差异沉降法和倾斜仪测记法等。

　　1. 经纬仪投点法

　　观测时，应在建筑物底部(观测点垂线对应处)位置安置水平读数尺等量测设施，然后在测站安置经纬仪投影，应按正倒镜法测出每对上下观测点标志间的水平位移分量，再按矢量相加法求得水平位移值(倾斜量)和位移方向(倾斜方向)，对需要进行倾斜观测的建筑物，需要在几个侧面进行观测。如图 10-9 所示，在距离墙面大于墙高的地方选择一固定点 A 安置经纬仪(若仰角太大看不到房顶，可加装弯管目镜)，盘左瞄准墙顶一观测点 P，向下投影得一点 P_1，盘右重复上述步骤，向下投影得一点 P_2，平分 P_1P_2 得 P_0，在水平读数尺作标记。过一段时间，再用经纬仪瞄准同一点 P，向下投影得 P_0' 点。若建筑物沿侧面方向发生倾斜，P 点已移位，则 P_0 点与 P_0' 点不重合，测得水平偏移量 d_1，同时，在另一侧面也可测得观测点 M 偏移量 d_2，以 H 代表建筑物的高度，则建筑物的倾斜度为

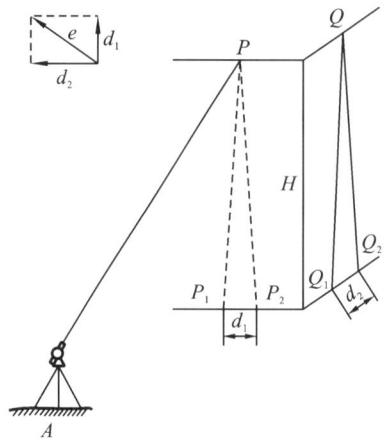

图 10-9　经纬仪投点法

$$i = \frac{\sqrt{d_1^2 + d_2^2}}{H}$$

2. 前方交会法

如图 10-10(a)所示,直线 AB 为控制基线,P 为建筑物上观测标志点,AB 离建筑物的距离根据现场实际情况布设,但应不小于建筑物高度的 1.5 倍,并使 PA、PB 方向夹角 γ 在 $60°\sim120°$ 之间,利用精密测角经纬仪在已知点 A、B 上分别向点 P 观测水平角 α 和 β,从而可以计算 P 点的坐标,见下面公式。在外业观测中,α 和 β 需要观测 2 个测回,为检核需要,有时设置三个已知点 A、B、C。如图 10-10(b)所示,分别向点 P 进行角度观测,由两个三角形分别计算 P 点的坐标。按每周期计算观测点 P 坐标值,再以坐标差计算水平位移 d。

$$d = \sqrt{(x_{2P} - x_{1P})^2 + (y_{2P} - y_{1P})^2}$$

$$\left.\begin{array}{l} x_P = \dfrac{x_A\cot\beta + x_B\cot\alpha - y_A + y_B}{\cot\alpha + \cot\beta} \\[3mm] y_P = \dfrac{y_A\cot\beta + y_B\cot\alpha + x_A - x_B}{\cot\alpha + \cot\beta} \end{array}\right\}$$

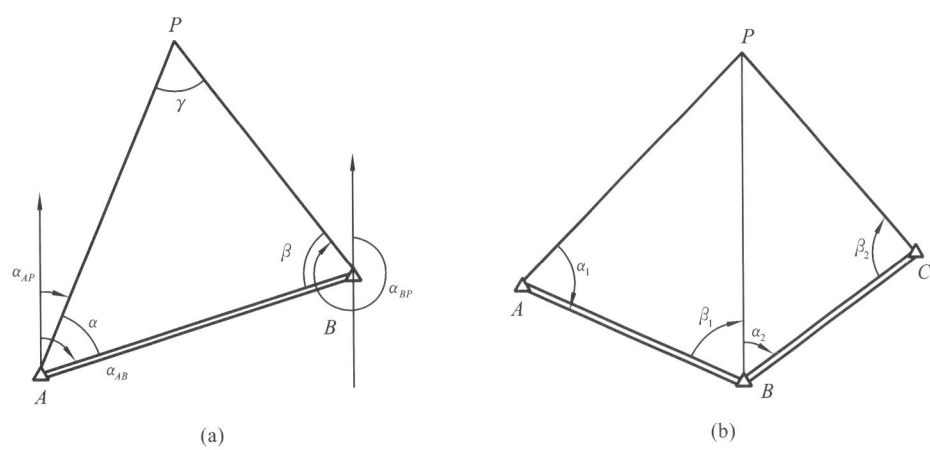

图 10-10 前方交会法

3. 正锤线法

锤线宜选用直径 $0.6\sim1.2$ mm 的不锈钢丝,上端可锚固在通道顶部或需要高度处所设的支点上。稳定重锤的油箱中应装有黏性小、不冰冻的液体。观测时,由底部观测墩上安置的量测设备(如坐标仪、光学垂线仪、电感式垂线仪),按一定周期测出各测点的水平位移量。

4. 激光准直法

激光准直法是在顶部适当位置安置接收靶,在其垂线下的地面或地板上安置激光铅垂仪或激光准直仪,按一定的周期观测,在接收靶上直接读取或量出顶部的水平位移量和位移方向。作业中仪器应严格置平、对中,旋转 180°观测两次并取其中数,对超高层建筑,当仪器设在楼体内部时,应考虑大气湍流影响。

建筑物倾斜观测的周期,可视倾斜速度的大小,每隔 $1\sim3$ 个月观测一次。如基础附近因大量堆载或卸载,场地降雨长期大量积水而导致倾斜速度加快时,应及时增加观测次数。施工期间的观测周期与沉降观测周期取得一致,倾斜观测应避开强日照和风荷载影响大的时间段。

5. 差异沉降法

在基础上选择观测点,采用三等水准测量方法,以所测各周期的基础沉降差换算求得建筑物整体倾斜度及倾斜方向,差异沉降推算主体的倾斜值公式为

$$\Delta D = \frac{\Delta S}{L} H$$

式中　ΔD——倾斜值,m;

　　　ΔS——基础两端点的沉降差,m;

　　　L——基础两端点的水平距离,m;

　　　H——建(构)筑物高度,m。

6. 倾斜仪测记法

采用的倾斜仪(如水管式倾斜仪、水平摆倾斜仪、气泡倾斜仪或电子倾斜仪)应具有连续读数、自动记录和数字传输等功能。监测建筑物上部层面倾斜时,仪器可安置在建筑物基础面上,以所测楼层或基础面的水平角变化值反映和分析建筑物倾斜的变化程度。

10.5.5　建筑物裂缝观测

当建筑物出现裂缝且裂缝不断发展时,应根据需要进行裂缝观测并满足下列要求。

(1) 裂缝观测点,应根据裂缝的走向和长度,分别布设在裂缝的最宽处和裂缝的末端。

(2) 裂缝观测标志,应跨裂缝牢固安装,标志可选用镶嵌式金属标志、粘贴式金属片标志、钢尺条、坐标格网板或专用量测标志等。

(3) 标志安装完成后,应拍摄裂缝观测初期的照片。

(4) 裂缝的量测,可采用比例尺、小钢尺、游标卡尺或坐标格网板等工具进行,量测应精确至 0.1 mm。

(5) 裂缝的观测周期,应根据裂缝变化速度确定。裂缝初期可每半个月观测一次,基本稳定后宜每月观测一次,当发现裂缝加大时应及时增加观测次数,必要时应持续观测。

10.5.6　建筑物水平位移观测

工业与民用建(构)筑物的水平位移测量,应满足下列要求。

(1) 水平位移变形观测点,应布设在建(构)筑物的下列部位。

建筑物的主要墙角和柱基上以及建筑沉降缝的顶部和底部;当有建筑裂缝时,还应布设在裂缝的两边;大型构筑物的顶部、中部和下部。

(2) 观测标志宜采用反射棱镜、反射片、照准觇牌或变径垂直照准杆。

(3) 水平位移观测周期,应根据工程需要和场地的工程地质条件综合确定。

水平位移监测可以采用极坐标法、交会法,用交会法进行水平位移监测时,宜采用三点交会法;角交会法的交会角,应在 60°~120° 之间,边交会法的交会角,宜在 30°~150° 之间;用极坐标法进行水平位移监测时,宜采用双测站极坐标法,其边长应采用全站仪测定;测站点应采用有强制对中装置的观测墩,变形观测点,可埋设安置反光镜或觇牌的强制对中装置或其他固定照准标志。

10.5.7　建筑物日照变形观测

当建(构)筑物因日照引起的变形较大或工程需要时,应进行日照变形观测且符合下列

要求。

（1）变形观测点，宜设置在监测体受热面不同的高度处。

（2）日照变形的观测时间，宜选在夏季的高温天进行，一般观测项目，可在白天时间段观测，从日出前开始定时观测，至日落后停止。

（3）在每次观测的同时，应测出监测体向阳面与背阳面的温度，并测定即时的风速、风向和日照强度。

（4）观测方法，应根据日照变形的特点、精度要求、变形速率以及建（构）筑物的安全性等指标确定，可采用交会法、极坐标法、激光准直法、正倒垂线法等。

10.6　竣工总平面图的编绘和竣工测量

竣工总平面图是设计总平面图在施工结束后实际情况的全面反映。工业与民用建筑工程是根据设计的总平面图进行施工的，但在施工过程中，可能由于设计时没有考虑到的原因而使设计的位置发生变更，因此工程的竣工位置不可能与设计位置完全一致，所以设计总平面图不能完全代替竣工总平面图，因此，施工结束后应及时编绘竣工总平面图。编绘竣工总平面图的目的：一是为了全面反映竣工后的现状；二是在工程竣工投产以后的生产经营过程中，为了顺利地进行维修，及时消除地下管线的故障，并为将来建筑的改建或扩建准备充分的资料；三是竣工总平面图及附属资料，为工程验收和评定工程质量提供依据。为了完整编绘竣工总平面图，需要在开始施工时和施工过程中收集一切有关的资料，加以整理，及时进行编绘。

10.6.1　竣工总平面图的编绘

（1）绘制竣工总平面图的依据。

①设计总平面图、单位工程平面图、纵横断面图和设计变更资料。

②定位测量资料、施工检查测量及竣工测量资料。

③设计变更图纸、数据、资料（包括设计变更通知单）。

（2）竣工总平面图的分类。

竣工总平面图包括分类竣工总平面图和综合竣工总平面图。

（3）竣工总平面图的图面内容和图例。

竣工总图的比例尺，宜选用1∶500；坐标系统、高程基准、图幅大小、图上注记、线条规格，应与原设计图一致；图例符号应符合现行国家标准《总图制图标准》（GB/T 50103—2010）。

（4）竣工总图的编绘，应收集下列资料：

①总平面布置图；

②施工设计图；

③设计变更文件；

④施工检测记录；

⑤竣工测量资料；

⑥其他相关资料。

（5）竣工总平面图的附件。

①地下管线竣工纵断面图。

②铁路、公路竣工纵断面图。

③建筑场地及其附近的测量控制点布置图及坐标与高程一览表。

④建筑物或构筑物沉降及变形观测资料。

⑤工程定位、检查及竣工测量的资料。

⑥设计变更文件。

⑦建设场地原始地形图。

10.6.2 竣工测量

建(构)筑物竣工验收时进行的测量工作,称为竣工测量。竣工测量前应收集城市规划行政主管部门审批后的建筑物施工设计图、总平面图和放线成果。在工业与民用建筑施工过程中,在每一个单位工程完成后,必须由有资质的测绘单位进行竣工测量,并提交该工程的竣工测量报告及图纸、文件等成果资料,作为编绘竣工总平面图的重要组成部分。

(1)竣工测量的内容包括以下部分。

①工业厂房及一般建筑物。测定各房角坐标、建筑物四至关系、规划竣工核实要素、展绘用地红线、界址点坐标、几何尺寸、室内地坪、室外地坪高程,楼高并附注房屋结构层数、面积和竣工时间。

②地下管线。测量管线起止点、转折点、分支点、交叉点、变径点及每隔适当距离的直线点等的平面位置、高程以及架空管道的高度等;调查并标注管线的类别、材质、埋深、断面尺寸、电缆孔数、管偏、传输物质特征(流向、压力、电压等)、埋设年月等,地下管线工程的竣工测量应在覆土前进行。

③架空管线。测定转折点、结点、交叉点和支点的坐标,支架间距、基础面标高等。

④交通道路。测定道路起终点、转折点和交叉点的坐标和高程,路面、人行道、绿化带界线的位置和宽度及面积等。

⑤特种构筑物。包括沉淀池、烟囱、煤气罐等及其附属建筑物的外形和四角坐标,圆形构筑物的中心坐标,基础面标高,烟囱高度和沉淀池深度等。

(2)竣工测量的要求和范围。

①竣工测量地形图一般采用1:500比例尺,当建(构)筑物密集且1:500比例尺不能满足要求时,可选用1:200比例尺,一般采用全野外数字成图法(即全站仪测图法)。

②竣工测量范围包括工程建设地面建筑物、道路、植被、地下管线及其附属设施、地下防空设施、地下隧道、空中悬空设施等要素,应实地测绘,具体范围是建设区外第一栋建筑或市政道路或不低于建设区外30 m。

【思考题与习题】

1. 在高层建筑施工中,如何控制建筑物的垂直度和传递标高?

2. 高层建筑物的轴线投测方法有哪些?

3. 建筑物沉降观测点如何布置?

4. 建筑物倾斜观测的方法有哪些?

5. 建筑总平面图的作用是什么?

6. 为什么进行竣工测量?竣工测量的内容是什么?

7. 某高层建筑一倾斜观测点 A,纵向倾斜28.5 mm,横向倾斜14.1 mm,该建筑物的高度为 58 m,试求该建筑物的倾斜度。

8. 在某高层建筑首层墙体上选择 A、B 两点作为倾斜观测点,AB 两点周期性观测沉降差为 8 mm,AB 两点水平距离为 49 m,建筑物高度为 66 m,试求该建筑物的倾斜度。

9. 烟囱经检测其顶部中心在两个互相垂直方向上各偏离底部中心 49 mm 及 68 mm,设烟囱的高度为 100 m,试求烟囱的总偏心距及其倾斜方向的倾角,并画图说明。

附录　某高层建筑施工测量方案

1. 工程概况

某高层建筑位于四川省成都市,二层为地下室,建筑高度为 99.6 m,建筑结构形式为框架-核心筒结构,基础类型为钻孔灌注桩筏板基础,设计年限 50 年。基坑深度 10 m,支挡结构为直径 900 mm 间距 1200 mm 钻孔灌注桩排桩＋二道钢筋混凝土内支撑。

2. 工程测量方案编制依据

(1) 基坑围护设计工程图纸;

(2) 工程施工图纸;

(3)《城市测量规范》(CJJ/T 8—2011);

(4)《国家三、四等水准测量规范》(GB/T 12898—2009);

(5)《工程测量规范》(GB 50026—2007)。

3. 测量的准备工作

施工测量准备工作是保证测量施工全过程顺利进行的重要环节,包括图纸和测量规范的熟悉,测量基准点的交接与校核,人员的组织及测量仪器的选择及检定,测量方案的讨论,工程重难点的分析和应对措施。

1) 测量方法的选择

序号	位　置	平面控制方法	标高控制方法
1	总平面	导线测量引点、现场控制方格网加密	三等水准测量
2	地下结构	外控法(主要采用正倒镜投点法)	三等水准测量、钢卷尺向下倒挂引测
3	地上结构	内控法	钢卷尺向上拉引法
4	沉降观测	三等水准测量	

2) 测量仪器的选择

序号	设备名称	型　号	数量	用　途	精度指标
1	全站仪	拓普康 GTS-330N	1 台	平面控制网的设置、闭合,平面控制的测量放线	角度:2″ 距离:±(2 mm+2ppm)
2	激光经纬仪	苏光 J2	2 台	轴线测量	±2″
3	激光垂准仪	苏光 JC100	2 台	控制点的竖向投递	向上:±2″
4	自动安平水准仪	苏光 DSZ2+FS1	1 台	高程控制网测量、复核,沉降测量	FS1＋钢钢尺:±0.5 mm/km 钢钢尺:±1.0 mm/km 标准尺:±1.5 mm/km
5	50 m 钢卷尺	/	2 把	垂直、水平距离测量	
6	钢钢尺	2 m	2 把	沉降测量及标高测量	
7	钢卷尺	7.5 m	1 把	向地下室引测标高	

序号	设备名称	型　　号	数量	用　　途	精度指标
8	塔尺	黑红面塔尺	2把	三、四等水准控制网	
9	墨线仪	EK-116P	1台	标高测量	±1 mm

3）测量人员的配置

序号	职务	数量	岗　位　职　责
1	测量负责	1名	配合技术负责人进行方案编制、理论分析，并组织测量工一起进行测量控制网的布设和传递
2	测量员	2名	测量控制网的布设和传递、楼层测量放线，标高测量，沉降测量，技术资料编制，测量数据计算

4. 测量控制基准点的建立

根据业主提供的市政基准点，将总平面控制点设置在拟定建筑物周围，由此向建筑物各主要轴线建立轴线控制点，采用正倒镜投点法来测设建筑物的中心轴线。标高控制以业主提供的由设计部门提供的水准点为准，引测到现场作为施工水准点，建立水准基准组，采用高精度水准仪进行数次往返闭合测量，形成正式的水准点资料，以便校核和满足分段施工的要求。

5. 平面及高程总控制网的建立

1）平面总控制网的建立

根据该工程实际情况，将现场较为狭窄不易保存点位和平面控制网点根据业主提供的坐标点引测到现场内，即 T1、T2、T3 和 T4 并组成矩形控制网，如附图 1 所示，根据该矩形控制网对施工现场进行定位，现场测量控制标志全部在围墙及周围固定点位置。测量控制

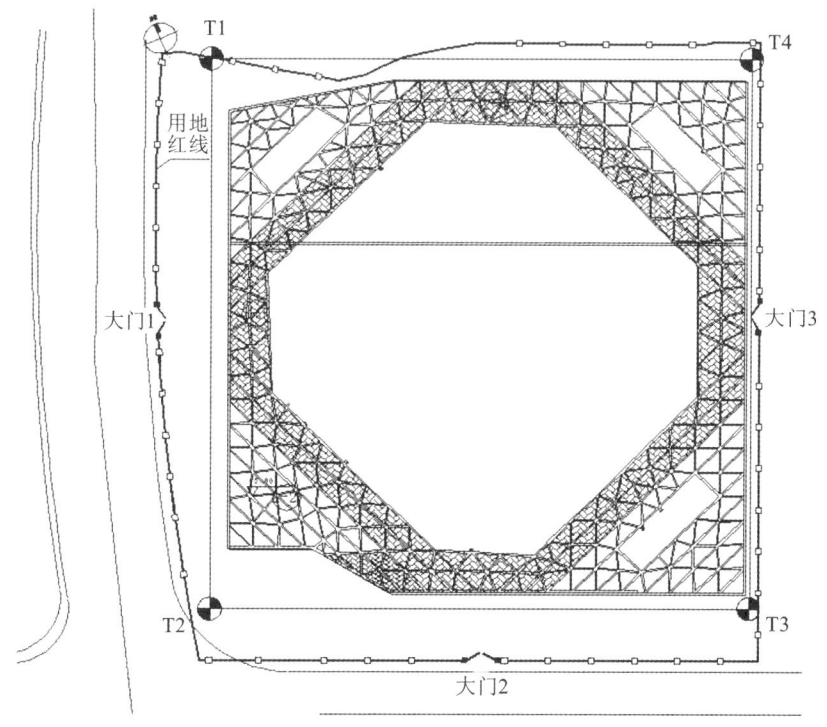

附图 1　平面控制网示意图

点的位置由测量工程师经现场勘察确认后,在整个施工过程中必须保证这个控制网绝对不变,避免整个测量系统的前后不一致。

2)高程总控制网的建立

根据业主提供的已知高程点按三等水准测量方法引测到现场,高程控制点的测量仪器采用加装 FS1 测微器的苏光 DSZ2 自动安平水准仪和铟钢尺进行外业作业,然后内业计算并平差后取得各控制点高程数据。

地下阶段施工时采用钢卷尺倒挂投射水准递推,在基坑周围设置标志,进行测量。地上结构施工测量的高程采用钢尺水准法向上传递,在墙体上布置标高控制点,然后采用钢卷尺水准法向上引测标高,并对标高控制点进行相互校核平差后作为相关楼层标高控制依据。

6. 施工阶段测量控制

结构施工测量分为地下部分和地上部分,地下部分施工测量采用外控法,地上部分施工测量采用内控法。

1)地下结构施工测量

在施工场地内架设全站仪,在两个标志之间通过平移将全站仪架设到控制线上,这样避免在现场埋点找点的麻烦以及材料堆场挡住视线等情况,给测量工作带来方便,特别适用于本工程空闲场地狭窄的情况。

根据轴线控制网中所布设 1、2、3、4……等控制线,用全站仪引测各轴线控制点至各层围堰顶梁面、围堰壁内侧及基坑底作为地下室结构施工的轴线控制依据,利用全站仪加钢尺丈量的方法进行水平测量放线。

高程施工测量利用水准仪、塔尺根据高程控制网点向下传递标高,将标高标志引至围堰壁内侧,作为地下室结构高程施工测量的控制依据。

为提高施工测量的定位精度,定时对布设在围堰上的测量控制网进行复测。

2)地上结构施工测量

待±0.000 m 完成后,将平面控制网轴线引测至建筑物内部,如附图 2 所示。本工程设四个轴线控制点,根据控制点的位置,在底层底板浇筑混凝土之前,把事先做好的 200 mm×200 mm×10 mm 的钢板与底板钢筋牢固焊接。在±0.000 m 层混凝土楼板施工完成后,将外控制线引测至该层楼面上,根据外控线和内控线的关系,用全站仪精确测设出内控点,在钢板上用钻头钻点做出标记,作为进行竖向传递的轴线控制点。

地上 2 层及以上各层轴线的投测为:架设激光铅直仪于轴线控制点并打开激光发生器,通过移动接收靶,使基准控制点与激光接收靶中心吻合,得到作业层的轴线控制点,最后用正交的十字墨线交点对准接收靶中心的基准控制点,标示到混凝土楼面,并对接收靶进行保护直至完成整个楼层控制线的投测工作,投点测量控制和竖向投点操作流程分别如附图 3和附图 4 所示。

3)高程传递及标高控制

采用水准测量法将标高引测至坑内的地下室围护桩每侧各 2～3 个临时固定点位形成闭合回路并平差后标注于基坑内侧的钻孔灌注桩或支撑围檩上,作为地下结构施工测量的依据。施工高程的控制采用水准仪、水准尺进行。地上建筑主要控制采用集中点确定,几个集中的基准点采用全站仪测算出水准点的数据,采用极坐标和平面坐标计算出其他点的水平和竖向坐标数据,经核实后采用内控法进行施工,每层标高引测后,及时向工长及施工班组进行交底。

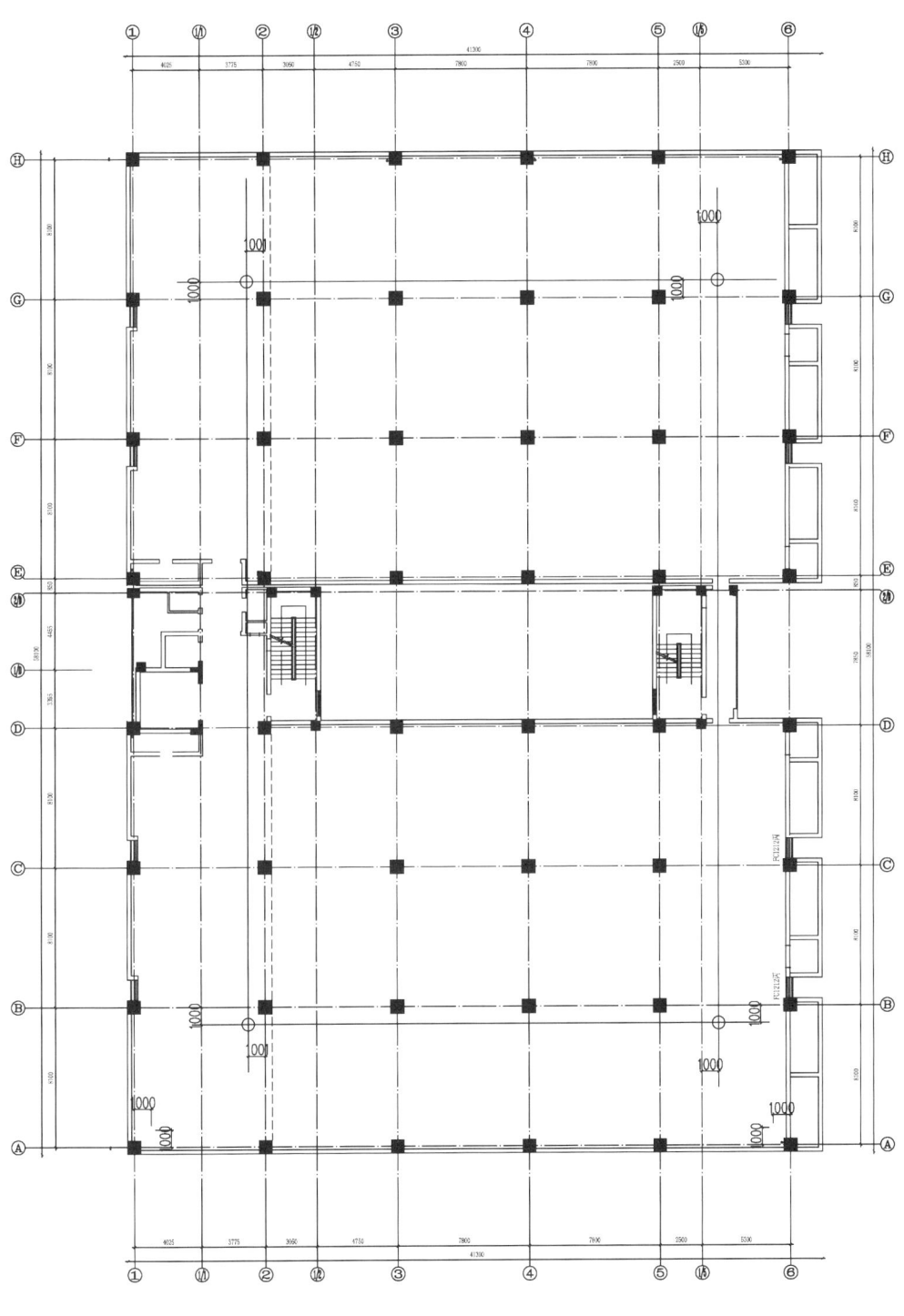

⊕ 轴线控制点 ——— 轴线控制线

附图 2 轴线控制点示意图

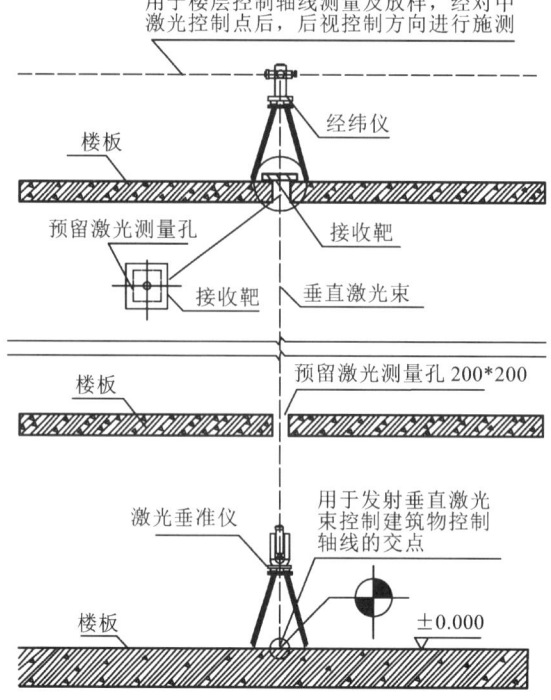

附图 3 投点测量控制图

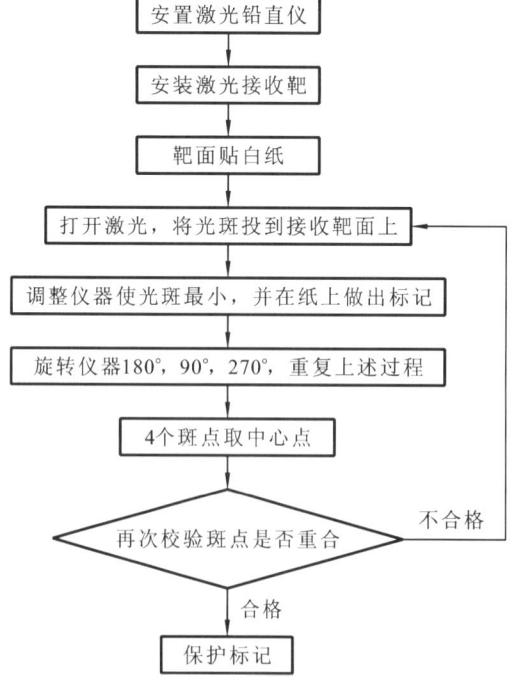

附图 4 竖向投点操作流程图

7. 施工监测

1）基坑监测

基坑开挖前，土体处于一种平衡状态。基坑开挖时，开挖卸土，土体原有的平衡被打破，土压力发生变化，土体和支护结构产生变形，这种变形影响土压力大小。土压力、支撑结构受力及土体变形处于不断变化之中，这种变化与基坑的土质，支护结构刚度，开挖方式、顺序、深度以及周边环境等许多因素有关。

基坑的开挖，除土体的变形外，还会引发地面不均匀沉降。靠基坑的沉降量相对较大，离基坑越远沉降越小，基坑周边建筑物、地下管线也会受到影响，过大的变形，将造成支护结构的破坏，基坑的坍塌及邻近建筑物、地下管线等设施的破坏。在基坑工程发生重大事故前都会有相应的预兆，只有通过监测，预测判断支撑的安全与否，及时提出是否采取加固措施，才能避免发生重大事故。

监测在取得大量测试数据的同时对工程总结经验、完善基坑的支撑、提高设计水平有着重要意义。

2）沉降观测

基坑沉降观测采用加装 FS1 测微器的苏光 DSZ2 自动安平水准仪和铟钢尺进行。根据设计单位提供的沉降观测点并结合业主提供的高程基准点组，按照二等水准测量的方法布设一条水准闭合路线进行沉降观测点的监测，对测得的数据进行平差计算得出本次沉降量。

基坑开挖后进行回弹观察，底板施工完毕后进行观测一次。

当地下室底板施工完成后，按设计要求在有关位置埋设沉降观测点，沉降观测点采取保护措施，防止冲撞引起变形而影响数据统计。

测量期设为每施工一个结构层测量一次（若施工暂停则每半个月测量一次），将测量数据制成统计分析表，并进行统计分析，直到竣工验收为止。测量采用精密水准仪，参照点为现场设置的观测点。对现场设置的观测点所发生的变动或误差应及时进行数据参数修正，以保证数据精确。

竣工后第一年观测不少于 3～5 次，第二年不少于 2 次，以后每年一次，直到沉降稳定为止。

8. 测量施工的技术措施

1）相关技术措施

（1）建立专业测量组，专人观测和整理成果资料。

（2）要固定专用仪器和工具设备。

（3）按照规定日期、方法及专门检测单位校正仪器。

（4）建立复核制度，每次施测完，需经单位工程技术人员复核。

2）测量成果汇总

（1）提供该工程的轴线垂直度投测成果表。

（2）提供该工程的沉降观测成果表。

（3）工程竣工后，汇总施测工作的一切资料，并写出施测技术总结报告。

3）测量复核

本工程测量复核、沉降观测和变形监测将委托有专业资质的单位进行，项目的技术部具体负责测量复核、沉降观测和变形监测的组织与协调，由测量组负责移交控制线与现场配合。

参 考 文 献

[1] 中华人民共和国国家标准. 工程测量规范(GB50026—2007)[S]. 北京:中国计划出版社,2008.

[2] 中华人民共和国国家标准. 国家三、四等水准测量规范(GB/T12898—2009)[S]. 北京:中国标准出版社. 2009.

[3] 中华人民共和国国家标准. 全站仪(GB/T27663—2011)[S]. 北京:中国标准出版社,2012.

[4] 建筑施工手册[M]. 5 版. 北京:中国建筑工业出版社,2012.

[5] 余代俊. 测量学[M]. 北京:地质出版社,2017.

[6] 余代俊. 土木工程测量[M]. 北京:北京理工大学出版社,2016.

[7] 王红英. 测量员[M]. 北京:机械工业出版社,2011.

[8] 覃辉,伍鑫. 土木工程测量[M]. 4 版. 上海:同济大学出版社,2013.

[9] 张恒. 测量放线工(中级)[M]. 北京:中国劳动社会保障出版社,2012.

[10] 周建郑. 工程测量[M]. 北京:化学工业出版社,2014.

[11] 胡勇,李莲. 建筑工程测量[M]. 哈尔滨:哈尔滨工业大学出版社,2012.

[12] 陈学平,周春发. 土建工程测量[M]. 北京:中国建材工业出版社,2008.

[13] 李强,余培杰,郑现菊. 工程测量[M]. 北京:东北师范大学出版社,2013.

[14] 李社生,刘宗波. 建筑工程测量[M]. 2 版. 大连:大连理工大学出版社,2014.

[15] 王云江. 市政工程测量[M]. 3 版. 北京:建筑工业出版社,2016.

[16] 李永树. 工程测量学[M]. 北京:中国铁道出版社,2011.

[17] 中华人民共和国测绘行业标准. 城市建设工程竣工测量成果规范(CH/T6001—2014)[S]. 北京:测绘出版,2015.

[18] 中华人民共和国测绘行业标准. 三、四等导线测量规范(CH/T2007—2001)[S]. 北京:测绘出版社,2001.

[19] 中华人民共和国行业标准. 城市测量规范(CJJ/T8—2011)[S]. 北京:中国建筑工业出版社出版,2012.

[20] 中华人民共和国行业标准. 建筑变形测量规范(JGJ8—2016)[S]. 北京:中国建筑工业出版社,2016.